改訂版

テスト前に
まとめるノート
中1数学

Math

Gakken

この本を使うみなさんへ

　勉強以外にも，部活や習い事で忙しい毎日を過ごす中学生のみなさんを，少しでもサポートできたらと考え，この「テスト前にまとめるノート」は構成されています。

　この本の目的は，大きく2つあります。
　1つ目は，みなさんが**効率よくテスト勉強ができるように**サポートし，**テストの点数をアップさせること**です。

　そのために，テストに出やすい大事なところだけが空欄になっていて，直接書き込んで数学の重要点を定着させていきます。それ以外は，整理された内容を読んでいけばOKです。計算ミスが減るよう式をキレイにそろえたり，イラストなどで楽しく勉強できるようにしたりと工夫しています。

　2つ目は，毎日の授業やテスト前など，日常的にノートを書くことが多いみなさんに，「**ノートをわかりやすくまとめられる力**」をいっしょに身につけてもらうことです。

　ノートをまとめる時，次のような悩みを持ったことがありませんか？
　　☑　ノートを書くのが苦手だ
　　☑　自分のノートはなんとなくごちゃごちゃして見える
　　☑　テスト前にまとめノートをつくるが，時間がかかって大変
　　☑　最初は気合を入れて書き始めるが，途中で力つきる

　この本は，中1数学の内容を，みなさんにおすすめしたい「きれいでわかりやすいノート」にまとめたものです。この本を自分で作るまとめノートの代わりにしたり，自分のノートをとる時にいかせるポイントをマネしてみたりしてみてください。

　今，勉強を頑張ることは，現在の成績や進学はもちろん，高校生や大学生，大人になってからの自分をきっと助けてくれます。**みなさんの未来の可能性が広がっていくこと**を心から願っています。

学研プラス

もくじ

☆この本の使い方　6
☆ノート作りのコツ　8

第1章
正負の数

1　正負の数と絶対値　10
2　加法・減法①　12
3　加法・減法②　14
4　加法・減法③　16
5　乗法・除法①　18
6　乗法・除法②　20
7　四則の混じった計算①　22
8　四則の混じった計算②　24
9　素数と素因数分解　26

◎　確認テスト①　28

第2章
文字と式

10　文字を使った式と表し方　30
11　数量の表し方　32
12　式の値　34
13　式の加減　36
14　式の乗除　38
15　関係を表す式　40

◎　確認テスト②　42

第3章
方程式

16　方程式とその解　44
17　方程式の解き方　46
18　いろいろな方程式と比例式　48
19　方程式の利用　50

◎　確認テスト③　52

第4章
比例と反比例

20 比例　54
21 座標と比例のグラフ　56
22 反比例　58
23 反比例のグラフ　60
24 比例と反比例の利用　62

◎　確認テスト④　64

第5章
平面図形

25 直線と角　66
26 図形の移動　68
27 図形と作図　70
28 円とおうぎ形　72
29 円とおうぎ形の計量　74

◎　確認テスト⑤　76

第6章
空間図形

30 いろいろな立体　78
31 空間内の直線や平面　80
32 立体のいろいろな見方　82
33 立体の表面積と体積①　84
34 立体の表面積と体積②　86

確認テスト⑥　88

第7章
データの活用

35 度数分布表とヒストグラム　90
36 代表値と相対度数　92

◎　確認テスト⑦　94

この本の使い方

この本の，具体的な活用方法を紹介します。

1 | 定期テスト前にまとめる

まずは この本を読みながら，用語や式・数を書き込んでいきましょう。

◎ 教科書を見ながら，空欄になっている＿＿＿＿に，用語や式・数を埋めていきます。授業を思い出しながら，やってみましょう。

次に ノートを読んでいきましょう。教科書の内容が整理されているので，単元のポイントが頭に入っていきます。

最後に 「確認テスト」を解いてみましょう。各章のテストに出やすい内容をしっかりおさえられます。

...Point!!

オレンジペンやピンクペンで書き込むと，付属の**赤フィルター**で消えやすい。テスト前に短時間でおさらいができて便利！

orange　pink

2 | 予習にもぴったり

授業の前日などに，この本で流れを追っておくのがおすすめです。教科書を全部読むのは大変ですが，このノートをさっと読んでいくだけで，授業の理解がぐっと深まります。

3 | 復習にも使える

学校の授業で習ったことをおさらいしながら，ノートの空欄を埋めていきましょう。先生が強調していたことを思い出したら，色ペンなどで目立つようにしてみてもいいでしょう。
　また先生の話で印象に残ったことを，このノートの右側のあいているところに追加で書き込むなどして，自分なりにアレンジすることもおすすめです。

 次のページからは，ノート作りのコツ について紹介しているので，あわせて読んでみましょう。

ノート作りのコツ

コツ 1 色を上手に取り入れる

Point!
最初に色の
ルールを決める。

シンプル派→3色くらい

例）基本色→黒
重要用語→赤
強調したい文章→蛍光ペン

カラフル派→5～7色くらい

例）基本色→黒
重要用語→オレンジ（赤フィルターで消える色＝暗記用），赤，青，緑
用語は青，公式は緑，その他は赤など，種類で分けてもOK！
強調したい文章→黄色の蛍光ペン
囲みや背景などに→その他の蛍光ペン

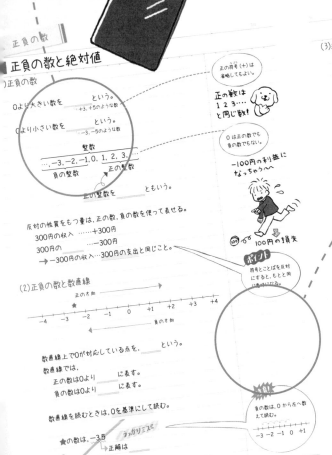

正負の数

正負の数と絶対値

(1)正負の数

0より大きい数を　　　　という。
+3, +5のような数

0より小さい数を　　　　という。
−3, −5のような数

整数
…, −3, −2, −1, 0, 1, 2, 3, …
負の整数　　　　正の整数

正の整数を　　　　ともいう。

反対の性質をもつ量は，正の数，負の数を使って表せる。
300円の収入 ……+300円
300円の　　　　　……−300円
→ −300円の収入＝300円の支出と同じこと。

正の符号（＋）は
省略してもよい。

正の数は
1 2 3……
と同じ数！

0は正の数でも
負の数でもない。

−100円の利益に
なっちゃう～～

100円の損失

ポイント
符号とことばを反対
にすると、もとと同
じ量になるね。

(2)正負の数と数直線

正の方向
−4 −3 −2 −1 0 +1 +2 +3 +4
負の方向

数直線上で0が対応している点を，　　　　という。
数直線では，
　正の数は0より　　　　に表す。
　負の数は0より　　　　に表す。

数直線を読むときは，0を基準にして読む。

★の数は，−3.5
うっかりミスに
正解は

負の数は，0から左へ数
えて読む。
−3 −2 −1 0 +1

(3)絶対値

数直線上で，ある数に対応する点と原点との距離を，
その数の　　　　という。

−3 0 +3
距離3 距離3

+3の絶対値→ 3
−3の絶対値→
0の絶対値→ 0

絶対値がある数(0を除く)になる数は2つある。
絶対値が5になる数→+5, −5

ポイント
正負の符号をとりさった
数になる。

宿題は
おうち
で

おうち
とやっ
みたいな感じ

(4)数の大小

大
−5 −4 −3 −2 −1 0 +1 +2 +3 +4 +5
負の数　　　　正の数

数直線上では，右にある数ほど　　　　。
つまり，
負の数 ＜ 0 ＜ 正の数

正の数は，絶対値が大きいほど　　　　。
負の数は，絶対値が大きいほど　　　　。

これ
ポイント！

大小関係は不等号
を使って表す。
（小） ＜ （大）
（大） ＞ （小）

不等号を入れましょう。
(1) −2, 0　 → −2 　 0
負の数＜0

(2) −3, −5　→ −3 　 −5
どちらも負の数だから…

うっかりミス！
(3) −1/2, −1/3 → −1/2 ✓ 1/3
−1/2 = 3/6, −1/3 = 2/6
負の数は，絶対値が
大きいほど小さい。

書きなおし
正しい不等号を入れましょう。
−1/2 　 −1/3

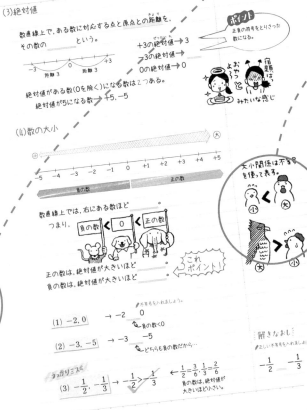

コツ 2　空間をとって書く

Point!
「多いかな?」と思うくらい，余裕を持っておく。

　ノートの右から 4〜5cm に区切り線を引きます。教科書の内容は左側（広いほう）に，その他の役立つ情報は右側（狭いほう）に，分けるとまとめやすくなります。

● 図やイラスト，問題の解きなおし，その他補足情報
● 授業中の先生の話で印象に残ったこと，解き方のポイントや注意など，書きとめておきたい情報は右へどんどん書き込みましょう。

　また，文章はなるべく短めに書きましょう。途中の接続詞などもなるべくはぶいて，「→」でつないでいくなどすると，すっきりと見やすくなり，また流れも頭に入っていきます。

　行と行の間を，積極的に空けておくのもポイントです。後で自分が読み返す時にとても見やすく，わかりやすく感じられます。追加で書き込みたい情報があった時にも，ごちゃごちゃせずに，いつでもつけ足せます。

コツ 3　イメージを活用する

Point!
時間をかけず，手書きとコピーを使い分けよう。

　自分の頭の中でえがいたイメージを，簡単に図やイラスト化してみると，記憶に残ります。この本でも，簡単に描けて，頭に残るイラストを多数入れています。とにかく簡単なものでOK。時間がかかると，絵を描いただけで終わってしまうので注意。

　また，教科書の写真や図解などは，そのままコピーして貼るほうが効率的。ノートに貼って，そこから読み取れることを追加で書き足すと，わかりやすい，自分だけのオリジナル参考書になっていきます。

その他のコツ

❶レイアウトを整える…
段落ごと，また階層を意識して，頭の文字を1字ずつずらしていくと，見やすくなります。また，見出しは一回り大きめに，もしくは色をつけるなどすると，メリハリがついてきれいに見えます。

❷インデックスをつける…
ノートはなるべく2ページ単位でまとめ，またその時インデックスをつけておくと，後で見直ししやすいです。教科書の単元や項目と合わせておくと，テスト勉強がさらに効率よくできます。

❸かわいい表紙で，持っていてうれしいノートに！…
表紙の文字をカラフルにしたり，絵を描いたり，シールを貼ったりと，表紙をかわいくアレンジするのも楽しいでしょう。

1 正負の数と絶対値

(1)正負の数

0より大きい数を ＿＿＿＿＿ という。
　└ +3, +5のような数

正の符号（＋）は省略してもよい。

正の数は1 2 3……と同じ数!

0より小さい数を ＿＿＿＿＿ という。
　└ −3, −5のような数

整数
…, −3, −2, −1, 0, 1, 2, 3, …
　負の整数　　　　正の整数

0 は正の数でも負の数でもない。

正の整数を ＿＿＿＿＿ ともいう。

反対の性質をもつ量は, 正の数, 負の数を使って表せる。

300円の収入 ……＋300円

300円の ＿＿＿＿ …−300円

→ −300円の収入…300円の支出と同じこと。

−100円の利益になっちゃう～

100円の損失

ポイント

符号とことばを反対にすると, もとと同じ意味になる。

(2)正負の数と数直線

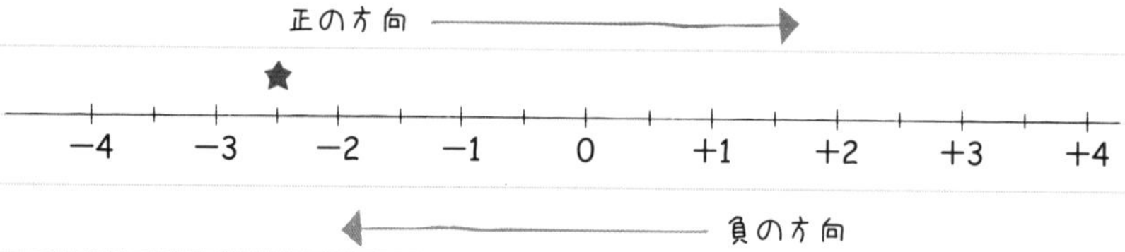

正の方向 →

-4 -3 -2 -1 0 +1 +2 +3 +4

← 負の方向

数直線上で0が対応している点を, ＿＿＿＿＿ という。

数直線では,

　正の数は0より ＿＿＿＿ に表す。

　負の数は0より ＿＿＿＿ に表す。

数直線を読むときは, 0を基準にして読む。

注意!

負の数は, 0 から左へ数えて読む。

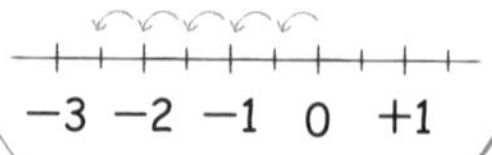

-3 -2 -1 0 +1

★の数は, −3.5　うっかりミス?

　└ 正解は ＿＿＿＿

(3)絶対値

数直線上で,ある数に対応する点と原点との距離(きょり)を,
その数の　　　　　という。

+3の絶対値 ➡ 3

−3の絶対値 ➡

0の絶対値 ➡ 0

ポイント
正負の符号をとりさった
数になる。

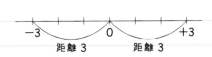
距離3　距離3

絶対値がある数(0を除く)になる数は2つある。

絶対値が5になる数 ➡ +5, −5

(4)数の大小

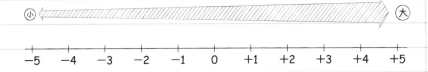
−5 −4 −3 −2 −1 0 +1 +2 +3 +4 +5

負の数　　　　正の数

大小関係は不等号
を使って表す。

数直線上では,右にある数ほど　　　　　。

つまり, 負の数 < 0 < 正の数

正の数は,絶対値が大きいほど　　　　　。
負の数は,絶対値が大きいほど　　　　　。

これ
ポイント!

🖊不等号を入れましょう。

(1) −2, 0　　➡　−2 ＿ 0

⤴負の数<0

(2) −3, −5　➡　−3 ＿ −5

⤴どちらも負の数だから…

解きなおし

🖊正しい不等号を入れましょう。

うっかりミス😵

(3) $-\frac{1}{2}$, $-\frac{1}{3}$ ➡ $-\frac{1}{2} > -\frac{1}{3}$ ✓

⟵ $\frac{1}{2} = \frac{3}{6}$, $\frac{1}{3} = \frac{2}{6}$
負の数は,絶対値が
大きいほど小さい。

$-\frac{1}{2}$ ＿ $-\frac{1}{3}$

2 加法・減法①

(1)加法

たし算のことを _____ という。

(+2)+(+3)…+2より3大きい数を求める計算

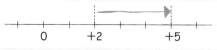

(+2)+(+3)= _____

右に3進む。
↓
正の数をたすときは,
右に進む。

(−2)+(+3)…−2より3大きい数を求める計算

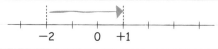

(−2)+(+3)= _____

(+2)+(−3)…+2より−3大きい数を求める計算

→ +2より3 _____ 数を求める計算

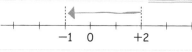

(+2)+(−3)= _____

左に3進む。
↓
負の数をたすときは,
左に進む。

(−2)+(−3)…−2より−3大きい数を求める計算

→ −2より3 _____ 数を求める計算

(−2)+(−3)= _____

 加 法

同符号の2数の和…絶対値の和に,共通の符号をつける。

異符号の2数の和…絶対値の _____ に,絶対値の大きいほうの符
号をつける。

ポイント
まず符号を決めてから,
絶対値の計算をする。

(1) (−5)+(−4)
= −(_____)
  共通の符号 絶対値の和

= _____

(2) (+5)+(−7)
= _____(_____)
  絶対値の大きい   絶対値の差
  ほうの符号

= _____

(2)いろいろな加法

絶対値が等しく, 異符号の2数の和は＿＿になる。

0との和は, その数のまま。

小数や分数の加法は, 整数のときと同じ。

(1) $(+3)+(-3)=$ ＿＿　　　　(2) $0+(-3)=$ ＿＿

(3) $(-2.5)+(-0.8)=$ $($ ＿＿ $+$ ＿＿ $)$
$=$ ＿＿

(4) $\left(+\dfrac{3}{4}\right)+\left(-\dfrac{1}{3}\right)$ 　通分

$=\left(+\dfrac{9}{12}\right)+\left(\text{＿＿}\right)$

符号を決めてから, 絶対値の計算

$=$ ＿＿

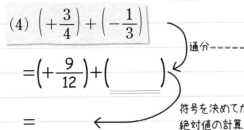

消える

通分すれば, どちらの絶対値が大きいかわかる。

(3)3つ以上の数の加法

加法の計算法則は, 負の数をふくむ場合にも成り立つ。

$a+b=b+a$ → 加法の＿＿という。

$(a+b)+c=a+(b+c)$ → 加法の＿＿という。

3つ以上の数の加法は, 計算法則を使って,

正の数の和, 負の数の和を別々に求め, それらを加える。

かっこを2重に使うときは, {}を使う。

(1) $(+4)+(-8)+(+5)+(-6)$
$=(+4)+($ ＿＿ $)+(-8)+($ ＿＿ $)$　交換法則
$=\{(+4)+($ ＿＿ $)\}+\{(-8)+($ ＿＿ $)\}$　結合法則

$=($ ＿＿ $)+($ ＿＿ $)$
正の数の和　負の数の和

$=$ ＿＿

左から順に計算すると,
$(+4)+(-8)+(+5)+(-6)$
$=(-4)+(+5)+(-6)$
$=(+1)+(-6)=-5$

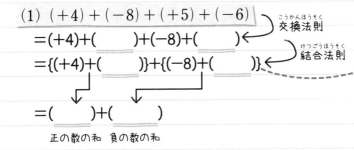

3 加法・減法②

(1)減法

ひき算のことを ＿＿＿＿ という。 - - - - - - - - - - - - - -

加法と減法を
あわせて, 加減
ともいう。

(＋3)−(＋5)…＋3より5小さい数を求める計算
　　　→ ＋3より−5大きい数を求める計算と同じ。
　　　(＋3)−(＋5)=(＋3)+(−5)
　　　　　　＝＿＿＿＿＿

(−3)−(＋5)…−3より5小さい数を求める計算
　　　→ −3より−5大きい数を求める計算と同じ。
　　　(−3)−(＋5)=(−3)+(−5)
　　　　　　＝＿＿＿＿＿

(＋3)−(−5)…＋3より−5小さい数を求める計算
　　　→ ＋3より＋5大きい数を求める計算と同じ。
　　　(＋3)−(−5)=(＋3)+(＋5)
　　　　　　＝＿＿＿＿＿

(−3)−(−5)…−3より−5小さい数を求める計算
　　　→ −3より＋5大きい数を求める計算と同じ。
　　　(−3)−(−5)=(−3)+(＋5)
　　　　　　＝＿＿＿＿＿

5小さい

−5大きい

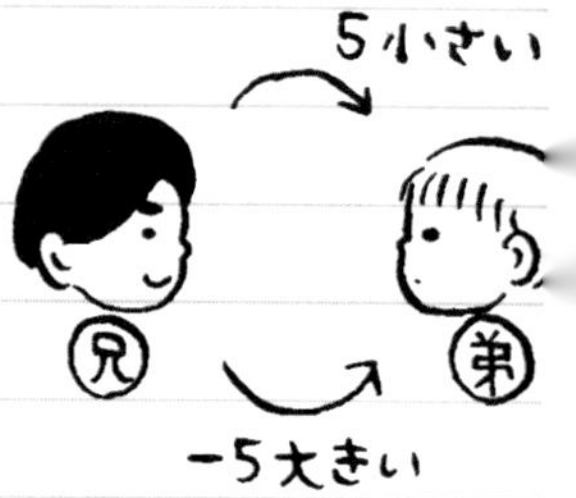

ポイント

−5をひくことは,
＋5をたすことと
同じ。

 減　法

ひく数の符号を変えて, 加法に直して計算する。

(＋3)□(＋5)
加法に↓　↓符号を変える
=(＋3)□(−5)

負の数をひく！

正の数をたすに変身！

BOMB!

(+3) − (−5) ⟹ (+3) + (+5)

(1) $(+8)-(+2)$

$=(+8)\ \underline{\quad}(\underline{\qquad})$ ⟵ ひく数の符号を変えて加法に直す。

$=\underline{\qquad}$

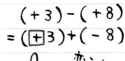

注意！

ひかれる数の符号は変わらない！

(2) $(+9)-(-6)$

$=(+9)\ \underline{\quad}(\underline{\qquad})$

$=\underline{\qquad}$

(3) $(-12)-(-5)$

$=(-12)\ \underline{\quad}(\underline{\qquad})$

$=\underline{\qquad}$

$(+3)-(+8)$
$=(\boxed{+}3)+(-8)$

変えちゃダメ！

(4) $(-2.6)-(+0.8)=(-2.6)\ \underline{\quad}(\underline{\qquad})$

$=\underline{\qquad}$

(5) $\left(+\dfrac{2}{5}\right)-\left(+\dfrac{3}{4}\right)$

ひく数の符号を変えて加法に直す。

$=\left(+\dfrac{2}{5}\right)\underline{\quad}(\underline{\qquad})$

通分

$=\left(+\dfrac{8}{20}\right)\underline{\quad}(\underline{\qquad})$

$=\underline{\qquad}$

注意！

分数の計算で、答えが約分できるときは、必ず約分する。

うっかりミス❤

(6) $\left(-\dfrac{1}{6}\right)-\left(-\dfrac{2}{3}\right)$

$=\left(-\dfrac{1}{6}\right)+\left(-\dfrac{2}{3}\right)$ ← ひく数の符号を変え忘れている。

$=\left(-\dfrac{1}{6}\right)+\left(-\dfrac{4}{6}\right)=-\dfrac{5}{6}$

解きなおし

左の計算を正しく解きましょう。

(2) 0との減法

(ある数)$-0=(\underline{\qquad})$

$0-$(ある数)$=0+$(ある数の符号を変えた数)

0との減法も、加法に直して計算するとよい。

(1) $(-5)-0$

$=\underline{\qquad}$

(2) $0-(-5)$

$=0+(\underline{\quad})=$

15

4 加法・減法③

(1)加法と減法の混じった計算①

加法と減法の混じった式は，ひく数の符号を変えて，
＿＿＿だけの式に直せば計算できる。

(1) (+3)−(+2)+(−4)
　＝(+3)+(　　　)+(−4)　　⟩ 加法だけの式に直す。
　＝(+3)+(　　　)　　　　 ⟩ 負の数の和を求める。
　＝＿＿＿

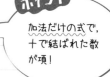

果報はねて待て！
じゃなくて
(加法)に直して！

(2) (+5)−(+7)+(−2)−(−6)
　＝(+5)+(　　　)+(−2)+(　　　)　　⟩ 加法だけの式に直す。
　＝{(+5)+(　　　)}+{(　　　)+(−2)}　　⟩ 正の数，負の数を集める。
　＝(　　　)+(　　　)　　⟩ 正の数の和，負の数の和を求める。
　　　正の数の和　　負の数の和
　＝＿＿＿

〈正の項, 負の項〉

上の(1)の加法だけの式
　(+3)+(−2)+(−4)
で，+3，−2，−4を，この式の＿＿＿という。
また，+3を＿＿＿＿といい，
　　−2，−4を＿＿＿＿という。

上の(2)の式では，
　項は＿＿＿＿＿＿＿＿＿＿で，
　　正の項は＿＿＿＿＿
　　負の項は＿＿＿＿＿

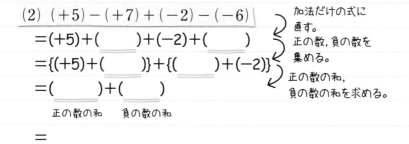

ポイント
加法だけの式で，
+で結ばれた数
が項！

正の項をいうときは，
符号+を省いてもよい。

計算のしかたをまとめると，

加法と減法の混じった式では，
　＿＿＿＿だけの式にしたあと，正の項，負の項の和
をそれぞれ求めて計算する。

(2)加法と減法の混じった計算②

$(+5)+(-7)+(-2)+(+6)$ のような式は, かっこを省いて,

$5-7-2+6$ ‑‑‑‑‑‑‑‑‑‑‑‑‑

と, 　　　だけを並べて表すことができる。

> 式のはじめの数が正の数のときは, 符号 ＋ を省いて表してもよい。

項だけを並べた式でも, 正の項の和, 負の項の和をそれぞれ求めて計算できる。

$$5-7-2+6$$
$$=5+6-7$$
$$=11$$
$$=2$$ ‑‑‑‑‑‑‑‑‑‑‑‑‑‑

正の項, 負の項を集める。
正の項の和, 負の項の和を求める。

> 計算の結果が正の数のとき, 符号＋を省くことができる。

(1) $-2+6-8$
$=6-2$
$=6$
$=$

(2) $6-8+9-3$
$=6-8$
$=$
$=$

ポイント

正の項, 負の項を見きわめる!

$\underset{正}{6}\;\underset{負}{-8}\;\underset{正}{+9}\;\underset{負}{-3}$

符号をふくめて区切っちゃえばわかる。

(3)加法と減法の混じった計算③

式の一部にかっこがある式は, かっこのない式に直して計算できる。

(1) $6+(-3)-7$
$=6-7$
$=6$
$=$

かっこをはずす。
負の項の和を求める。

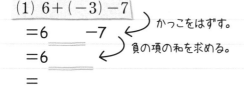

かっこのはずし方

＋( )は, そのままかっこをはずす。
$+(-3)=-3$
$+(+3)=+3$

ー( )は, かっこの中の符号を変えてかっこをはずす。
$-(+3)=-3$
$-(-3)=+3$

(2) $-5-(-8)+4+(-3)$
$=-5+4$
$=8+4$
$=12$
$=$

かっこをはずす。
正の項, 負の項を集める。
正の項の和, 負の項の和を求める。

5 乗法・除法①

(1)乗法

かけ算のことを＿＿＿という。

4×3 …………… 4の3つ分だから,

　　　　　　　4×3＝4＋4＋4＝12 ……＋(4×3)

(−4)×3 ………… −4の3つ分だから,

　　　　　　　(−4)×3＝(−4)＋(−4)＋(−4)

　　　　　　　　　　　＝−(4×3)＝＿＿

(+4)×(−3) …… かける数が1ずつ小さくなると,積は

　　　　　　　4ずつ小さくなるから,

　　　　　　　(+4)×(+1)＝ 4

　　　　　　　(+4)× 0 ＝ 0

　　　　　　　(+4)×(−1)＝−4 　　…−(4×1)

　　　　　　　(+4)×(−2)＝＿＿　…−(4×2)

　　　　　　　(+4)×(−3)＝＿＿　…−(4×3)

> −3をかけることは,0からその数までの距離をその反対方向に3倍にのばしたところにある数を求めること。

(+4)×(−3) ……… 4

−12 ……… 0

(−4)×(−3) …… かける数が1ずつ小さくなると,積は

　　　　　　　−4ずつ小さくなる。つまり,

　　　　　　　4ずつ大きくなるから,

　　　　　　　(−4)×(+1)＝−4

　　　　　　　(−4)× 0 ＝ 0

　　　　　　　(−4)×(−1)＝ 4 　　…＋(4×1)

　　　　　　　(−4)×(−2)＝＿＿　…＋(4×2)

　　　　　　　(−4)×(−3)＝＿＿　…＋(4×3)

(−4)×(−3)

−4

0 ……… 12

乗法 (じょうほう)

同符号の2数の積…絶対値の積に正の符号＋をつける。

異符号の2数の積…絶対値の積に負の符号−をつける。

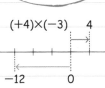

(+)×(+) → (+)
(−)×(−) → (+)
(+)×(−) → (−)
(−)×(+) → (−)

符号大切!

　　　　異符号　　　　　　　　　　　　　同符号

(1) (−6)×7　　　　　　　(2) (−4)×(−7)

　＝ (　×　)　　　　　　＝ (　　　)

符号を決める　絶対値の積　　　符号を決める　絶対値の積

　＝　　　　　　　　　　　　＝

(2)除法

わり算のことを ＿＿＿＿ という。

8÷2 ……………… □×2＝8の□にあてはまる数だから,

　　　　　　　　　8÷2＝4 ………………………………＋(8÷2)

(−8)÷2 ………… □×2＝−8の□にあてはまる数だから,

　　　　　　　　　(−8)÷2＝ ＿＿＿ ………………………−(8÷2)

8÷(−2) ……… □×(−2)＝8の□にあてはまる数だから,

　　　　　　　　　8÷(−2)＝ ＿＿＿ ………………………−(8÷2)

(−8)÷(−2) …… □×(−2)＝−8の□にあてはまる数だから,

　　　　　　　　　(−8)÷(−2)＝ ＿＿＿ ………………＋(8÷2)

除　法

同符号の2数の商…絶対値の商に正の符号＋をつける。

異符号の2数の商…絶対値の商に負の符号−をつける。

ポイント
符号の決め方は
積のときと
同じ！

(1) $24÷(−3)$ ←異符号	(2) $(−42)÷(−7)$ ←同符号
＝ ＿＿ (　÷　)＝	＝ ＿＿ (　　)＝
符号を決める　絶対値の商	符号を決める　絶対値の商

(3)0との乗法・0をわる除法

0と正の数, 負の数の積は ＿＿

0を正の数, 負の数でわっても, 商は ＿＿

(4)小数の乗法・除法

小数のときも, 計算のしかたは同じ。

同符号	異符号
(1) $(−0.8)×(−0.4)$	(2) $(−5.6)÷0.7$
＝ (　　)	＝ (　　)
符号を決める　絶対値の積	符号を決める　絶対値の商
＝	＝

やっぱり
符号♥

符号命
符号

19

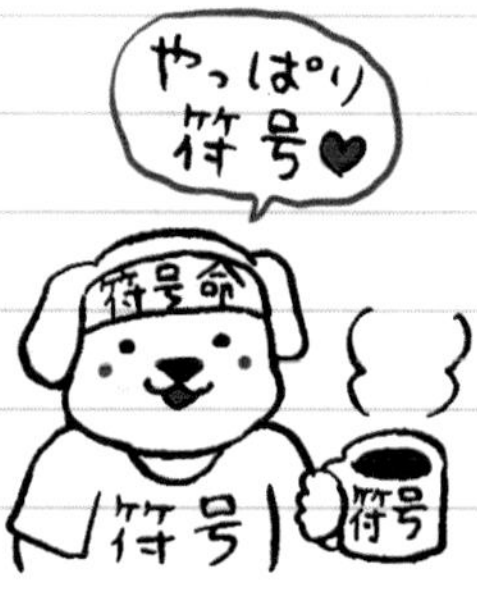

6 乗法・除法②

(1)分数の乗法・除法

分数の乗法…計算のしかたは整数と同じ。

分数の除法…わる数を逆数にしてかける。

→2つの数の積が1になるとき, 一方の数を他方の数の
　　　　　　という。

ポイント
分数の逆数は,
分母と分子を入れかえた
数。

$$\frac{2}{5} \times \frac{5}{2} = 1 \qquad \left(-\frac{2}{5}\right) \times \left(-\frac{5}{2}\right) = 1$$

↑ $\frac{2}{5}$ の逆数　　　　　↑ $-\frac{2}{5}$ の逆数

負の数の逆数は負の数になる。

逆数にしてかける??
進まない～

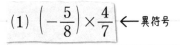

(1) $\left(-\frac{5}{8}\right) \times \frac{4}{7}$ ←異符号

$= \left(\quad \times \quad\right) =$

符号を決める　絶対値の積

ポイント
計算のとちゅうで
約分できるときは
約分する。

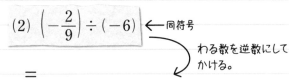

(2) $\left(-\frac{2}{9}\right) \div (-6)$ ←同符号

わる数を逆数にして
かける。

$=$

$= \left(\quad \times \quad\right) =$

符号を決める　絶対値の積

$-6 \rightleftarrows -\frac{1}{6}$
逆数

(2)乗法の計算法則

乗法の計算法則は, 負の数をふくむ場合も成り立つ。

$a \times b = b \times a$ ────→乗法の　　　　　という。

$(a \times b) \times c = a \times (b \times c)$ ──→乗法の　　　　　という。

計算法則を使うと,
順序を変えて
計算することができる。

(1) $(-4) \times 18 \times (-25)$

$= 18 \times (-4) \times (-25)$ 　交換法則

$= 18 \times$ 　　　　　結合法則

$=$

カンタンに
計算できた!

(3) 3つ以上の数の乗法

$(-1) \times 2 \times 3 \times 4 = -24$

$(-1) \times (-2) \times 3 \times 4 = 24$

$(-1) \times (-2) \times (-3) \times 4 = \underline{}$

$(-1) \times (-2) \times (-3) \times (-4) = \underline{}$

負の数が
大切なのね〜

"フ"が3個
マイナスだ！

積の符号

積の符号は，

負の数が偶数（ぐうすう）個ならば**＋**，奇数（きすう）個ならば **─**。

(1) $2 \times (-5) \times 3 \times (-4)$ ← 負の数は2個

　 = (　　　　　) =

符号を決める　　絶対値の積

(4) 3つ以上の数の乗法・除法

わる数の 　　　　 をかけて，乗法だけの式に直して計算する。

ポイント
計算の手順は，
①すべて乗法にする。
②符号を決める。
③絶対値の計算

(1) $(-6) \times \left(-\dfrac{5}{6}\right) \div \left(-\dfrac{5}{9}\right)$

わる数を逆数にして
かける。

　=

　　　　　　　　　負の数は3個

　= (　　　　　) =

符号を決める　　絶対値の積

(2) $21 \times (-5) \div (-7)$ わる数を逆数にしてかける。

　= 　　　　　　 = (　　　　　) = \underline{}

負の数は2個　　　　符号を決める　　絶対値の積

解きなおし

✎左の計算を正しく解きましょう。

うっかりミス😢

(3) $24 \div (-3) \times 4$

　= $24 \div (-12)$ ← 乗法と除法の混じった式では乗法の計算法則は使えない！
　　　　　　　　まずは乗法だけの式にする。

✓= -2

7 四則の混じった計算①

(1)累乗

同じ数をいくつかかけ合わせたものを,累乗という。

　　5×5　　＝5²…5の2乗と読む。

　　5×5×5＝5³…5の3乗と読む。

かけ合わせた個数を示す右かたの小さい

数を　　　　　という。

$$5^3 \leftarrow 指数$$

> 2乗のことを平方,
> 3乗のことを立方
> ともいう。
> m²…平方メートル
> m³…立方メートル

(1) $(-3) \times (-3) \times (-3)$

＝＿＿＿＿＿　　🖋累乗の指数を
　　　　　　　　　使って表しましょう。

↗ (−3)を3個かけ合わせている。

(2) 2.5×2.5

＝＿＿＿＿

↘ 2.5を2個かけ合わせている。

(2)累乗の計算

何を何個かけ合わせたものかを考えて計算する。

(1) $(-2)^4$ ← −2を4個かけ合わせたもの

　＝(−2)×(−2)×(−2)×(−2)

　＝ ＿＿（＿＿＿＿＿＿）

　符号を決める　絶対値の積

　＝ ＿＿＿

> 注意
> (−2)⁴と−2⁴とは
> ちがう!

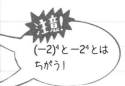

(2) -2^4 ← 2を4個かけ合わせたものに負の符号をつけたもの

　＝−（＿＿＿＿＿＿）
符号は−　　絶対値の積

　＝ ＿＿＿

(3) $3^2 \times (-2)^3$

　＝ ＿＿×（＿＿＿）

↗ 累乗を計算

　＝ ＿＿＿

(3)四則の混じった計算

加法, 減法, 乗法, 除法をまとめて ＿＿＿＿＿ という。

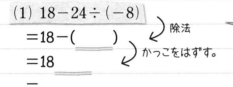

計算の順序

①累乗のある式では, 累乗を先に計算。
②かっこがある式では, かっこの中を先に計算。
③加減と乗除が混じった式では, 乗除を先に計算。

(1) $18-24\div(-8)$
　$=18-(\quad)$　　　除法
　$=18$　　　　　　かっこをはずす。
　$=$

注意
いきなり左から計算し
てはダメ!
まず, 計算の順序を
考える。

(2) $5\times(-7)+48\div(-4^2)$
　$=5\times(-7)+48\div(\quad)$　　累乗
　$=(\quad)+(\quad)$　　乗法・除法
　$=$

(3) $12\div\{(-3)^2-5\times3\}$
　$=12\div(\quad-5\times3)$　　( )の中の累乗
　$=12\div(\quad-\quad)$　　( )の中の乗法
　$=12\div(\quad)$　　( )の中の減法
　$=$

あんたは
乗除のうしろ!
順序を守って!

23

8 四則の混じった計算②

(1)分配法則

a, b, cがどんな数でも, 次の式が成り立つ。

$$(a+b)×c=a×c+b×c$$
$$c×(a+b)=c×a+c×b$$

この計算法則を, ＿＿＿＿＿ という。

かっこの中を先に計算すると,

$$(-12)×\left(\frac{2}{3}+\frac{5}{6}\right)$$
$$=(-12)×\left(\frac{4}{6}+\frac{5}{6}\right)$$
$$=(-12)×\frac{9}{6}$$
$$=-18$$

(1) $(-12)×\left(\frac{2}{3}+\frac{5}{6}\right)$

$$=(-12)×\frac{2}{3}+(-12)×\frac{5}{6}$$

$c×(a+b)=c×a+c×b$

$$=\underline{\quad}+(\quad)$$

乗法を計算

$$=\underline{\quad\quad}$$

かっこをはずす。

$$=\underline{\quad\quad}$$

分配法則を使った
ほうがカンタン!

(2) $7.5×(-2.6)+2.5×(-2.6)$

$$=(7.5+2.5)×(\underline{\quad\quad})$$

$a×c+b×c=(a+b)×c$

$$=\underline{\quad}×(\underline{\quad\quad})$$

かっこの中を計算

$$=\underline{\quad\quad}$$

(2)数の範囲と四則の関係

自然数の集まりを, 自然数の ＿＿＿ という。

自然数の集合から整数の集合へ,
整数の集合から数全体の集合へと
範囲をひろげていくと, できなかっ
た計算ができるようになる。

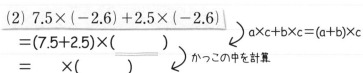

自然数…正の整数
整数…自然数, 0,
　　　負の整数
数全体…整数, 小数,
　　　　分数の全体

	加法	減法	乗法	除法
自然数の集合	○			
整数の集合	○			
数全体の集合	○			

○…いつもできる。
×…いつもできる
　　とは限らない。
（0でわる場合は除く。）

(3)正負の数の利用

下の表の5人の身長の平均をくふうして求める。

生徒	A	B	C	D	E
身長(cm)	156	148	158	153	145

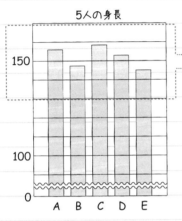

5人の身長

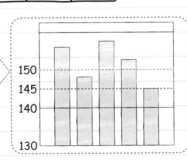

〈求め方1〉　いちばん低い145cmを基準にして、145cmより高い

分の平均を求めて、145cmにたす。

$$145＋(11＋3＋13＋8＋0)÷5＝\underline{\quad\quad}　(cm)$$

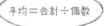
平均＝合計÷個数

基準にした
145cmや150cmを、
仮の平均という。

〈求め方2〉　150cmを基準にして、それよりどれだけ高いかを表

すと、下の表のようになる。

生徒	A	B	C	D	E
150cmとの差(cm)	+6	-2			

150cmとの差の平均を求めて、150cmにたす。

$$150＋\{(+6)＋(-2)＋\underline{\qquad\qquad\qquad}\}÷5$$
$$＝\underline{\quad\quad}　(cm)$$

計算がカンタンな
〈求め方2〉がおすすめ
です。

求め方2

〈求め方2〉のように負の数を使えば、基準をどこにとっても平均を

求めることができる。

負の数
負の数
ありがたや〜

9 素数と素因数分解

(1)素数

1とその数のほかに約数のない自然数を　　　　という。
ただし,1は素数にはふくめない。

自然数は,
素数と
素数でない数の
どちらかである。

50以下の素数に〇をつけると,

1	2	3	4	5	6	7	8	9	10
11	12	13	14	15	16	17	18	19	20
21	22	23	24	25	26	27	28	29	30
31	32	33	34	35	36	37	38	39	40
41	42	43	44	45	46	47	48	49	50

ポイント
素数は,
2を除いて,
すべて奇数。

注意!
素数の並びに
規則性はない。

(2)素因数分解

1と素数以外の自然数は,
1より大きい自然数の積で表していくと,
最後には,素数だけの積で表すことができる。

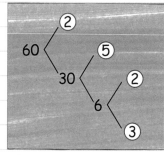

$60 = 2 \times 30$
$\quad = 2 \times 5 \times 6$
$\quad = 2 \times 5 \times 2 \times 3$
$\quad =$

枝分かれ

$60 = 6 \times 10$
$\quad = 2 \times 3 \times 2 \times 5$
$\quad =$

ポイント
同じ数の積は,
累乗の指数を
使って表す。

$60 = 2^2 \times 3 \times 5$ のように,自然数を素数だけの積の形で表す
ことを　　　　　　という。
素因数分解は,どんな順序でしても同じ結果になる。

分解!

(3)素因数分解のしかた

自然数を素因数分解するには、右のように、
商が素数になるまで素数で次々にわっていき、
わった素数と最後の商(素数)の積をつくる。

$$60 = 2 \times 2 \times 3 \times 5 = 2^2 \times 3 \times 5$$

$$
\begin{array}{r|r}
2 & 60 \\
\hline
2 & 30 \\
\hline
3 & 15 \\
\hline
& 5
\end{array}
$$

60をわり切れる素数を見つけてわればよいから、はじめに3や5でわってもよい。

$$
\begin{array}{r|r}
3 & 60 \\
\hline
& 20
\end{array}
\qquad
\begin{array}{r|r}
5 & 60 \\
\hline
& 12
\end{array}
$$

(1) 70

$$
\begin{array}{r|r}
2 & 70 \\
\hline
& 35
\end{array}
$$

70 = _____

(2) 75

$$
\begin{array}{r|r}
& 75
\end{array}
$$

75 = _____

(3) 126

$$
\begin{array}{r|r}
& 126
\end{array}
$$

126 = _____

(4)素因数分解の利用

自然数を素因数分解すると、その数がどんな数の倍数であるのか
がわかる。

140を素因数分解すると、$140 = 2^2 \times 5 \times 7$

140は、2、5、7を約数にもつから、

140は2の倍数であり、　　　の倍数であり、　　　の倍数である。

また、約数の積2^2、2×5、2×7、5×7より、

140は4、　　　、　　　、　　　の倍数である。

さらに、$2^2 \times 5$、$2^2 \times 7$、$2 \times 5 \times 7$、$2^2 \times 5 \times 7$より、

140は20、　　　、　　　、　　　の倍数である。

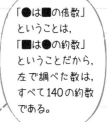

「●は■の倍数」
ということは、
「■は●の約数」
ということだから、
左で調べた数は、
すべて140の約数
である。

(1) 195にできるだけ小さい自然数をかけて、18の倍数
　　にするには、どんな数をかければよいですか。

195を素因数分解すると、

$$195 = 3 \times 5 \times 13$$

$18 = 3 \times$ ____ だから、195に____ をかけると、

積は、$3 \times 5 \times 13 \times$ ____ $= 18 \times 5 \times 13 = 18 \times 65$

となり、18の倍数になる。

$$
\begin{array}{r|r}
3 & 195 \\
\hline
5 & 65 \\
\hline
& 13
\end{array}
$$

ポイント

18の倍数は、
18×(自然数)
と表せる。

27

確認テスト①

●目標時間：３０分 ●１００点満点 ●答えは別冊 20 ページ

1 下の数直線上で，A，B，C にあたる数を答えなさい。 〈2点×3〉

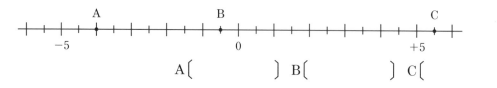

A〔   〕 B〔   〕 C〔   〕

2 次の問いに答えなさい。 〈2点×8〉

(1) 「5kg 軽い」ということを，「重い」ということばを使って表しなさい。

〔   〕

(2) 次の数の絶対値を求めなさい。

① −8   ② +3.8

〔   〕   〔   〕

(3) 絶対値が 3.5 より小さい整数を，小さいほうから順に書きなさい。

〔   〕

(4) 次の2数の大小を，不等号を使って表しなさい。

① +5，−6   ② −8，−10

〔   〕   〔   〕

③ 0，−0.5   ④ $-\dfrac{4}{7}$，$-\dfrac{5}{9}$

〔   〕   〔   〕

重要

3 次の計算をしなさい。 〈3点×8〉

(1) $(+7)+(-11)$ (2) $(+0.8)+(-1.2)$

〔   〕   〔   〕

(3) $(+6)-(+7)$ (4) $\left(-\dfrac{4}{15}\right)-\left(-\dfrac{3}{5}\right)$

〔   〕   〔   〕

(5) $0-(-12)$ (6) $6-15+4$

〔   〕   〔   〕

(7) $-6+16+(-7)$ (8) $-18-(-5)+10+(-4)$

〔   〕   〔   〕

重要

4 次の計算をしなさい。 ⟨3点×6⟩

(1)　$(-8) \times 7$

(2)　$(-36) \div (-12)$

〔　　　　　〕

〔　　　　　〕

(3)　$1.8 \times (-0.5)$

(4)　$\left(-\dfrac{3}{4}\right) \div \left(-\dfrac{9}{16}\right)$

〔　　　　　〕

〔　　　　　〕

(5)　$12 \times (-7) \div (-4) \times 2$

(6)　$-20 \div \left(-\dfrac{8}{9}\right) \times \left(-\dfrac{2}{15}\right)$

〔　　　　　〕

〔　　　　　〕

重要

5 次の計算をしなさい。 ⟨3点×6⟩

(1)　$(-3)^3$

(2)　$(-5)^2 \times (-2^2)$

〔　　　　　〕

〔　　　　　〕

(3)　$10 + 4 \times (-7)$

(4)　$(-6)^2 - 16 \div (-8) \times (-3)$

〔　　　　　〕

〔　　　　　〕

(5)　$8.5 \times (-6.8) + 1.5 \times (-6.8)$

(6)　$\left(\dfrac{7}{8} - \dfrac{5}{6}\right) \times (-24)$

〔　　　　　〕

〔　　　　　〕

6 下の表は，ある工場での製品の生産個数を，水曜日の生産個数 350 個を基準にして表したものです。この 6 日間の生産個数の平均を求めなさい。 ⟨6点⟩

曜日	月	火	水	木	金	土
基準との差（個）	+12	−9	0	−7	−2	+18

〔　　　　　〕

7 次の自然数を，素因数分解しなさい。 ⟨4点×3⟩

(1)　78

(2)　90

(3)　204

78＝〔　　　　　〕　　　90＝〔　　　　　〕　　　204＝〔　　　　　〕

10 文字を使った式と表し方

(1)文字を使った式

えんぴつ
鉛筆を5本買って,1000円出したときのおつりは,

1本の値段が60円のとき → $1000-60\times5$(円)

70円のとき → $1000-70\times5$(円)

80円のとき → $1000-80\times5$(円)

1本の値段をa円とすると,おつりは,

_____(円)と表すことができる。

> おつりは,
> (1本の値段)という
> ことばを使うと,
> $1000-(1本の値段)\times5$(円)
> と表せる。

文字を使った式を文字式という。

> 文字を使うと,
> いろいろな数量や,
> 数量どうしの関係を,
> 一般的に,簡潔に表すこと
> ができる。

(2)文字を使った積の表し方

文字式で積を表すときは,次のようにする。

①記号×をはぶく。

$b\times a=ab$ ← 文字はふつう,アルファベット順に並べて書く。

1×ab

1だけ消えます

ab

②文字と数の積では,数を文字の前に書く。

$a\times5=5a$

数が1のときは,1ははぶく。

$1\times a=a$

$(-1)\times a=$ _____

③同じ文字の積は,累乗の指数を使って書く。

$a\times a\times a=$ _____

↙数が前

(1) $a\times b\times(-2)=$ _____ ← 負の数の( )はつけない。

(2) $(a+b)\times(-1)=$ _____ ← 1ははぶく。

> **ポイント**
> ( )のついた式は,
> ひとまとまりと考える。

(3) $x\times x\times x\times y\times y=$ _____ × _____ = _____

指数を使って表す。記号×をはぶく。

(3)文字を使った商の表し方

記号÷は使わないで、　　　　の形に書く。

$$a \div 7 = \dfrac{a}{7}$$

÷7は×$\dfrac{1}{7}$と同じなので、$\dfrac{1}{7}a$と表してもよい。

(1) $(x+y) \div 3 =$ ——　　← ( )ははぶく。

ーは分数の前に書く。

ポイント

○÷□

= $\dfrac{○}{□}$ ←わられる数
　　　←わる数

(2) $(-5) \div a = \dfrac{-5}{\quad} = $ ——

(4)記号×, ÷を使わない表し方

文字式では、記号×や÷ははぶくことができるが、記号＋, −は、はぶくことができない。

はぶけない。

$$a \times 3 - 4 \div b = 3a - \dfrac{4}{b}$$

(1) $x \div 9 \times y = $ —— $\times y = $ —— ← $\dfrac{x}{9} \times \dfrac{y}{1}$と考える。

÷をはぶく。　×をはぶく。

(2) $(a-b) \div 3 + c \times 5 = $ —— $+$ ——

×をはぶく。

÷をはぶく。

(5)記号×, ÷を使って表す

式がどんな計算を表しているか考える。

$5ab = 5 \times a \times b$ ← 5とaとbをかけ合わせた式

(1) $9xy^2 = 9 \times$ ——　　　← xy^2は、xとyとyをかけ合わせた式

(2) $5(a+b) + \dfrac{c}{3} = $ —— $+$ ——

×を使って表す。　÷を使って表す。

注意!

$5(a+b)$は、
$5 \times a + b$としてはダメ!

11 数量の表し方

(1)数量の表し方

数量を文字を使って表すときは，×や÷の記号は使わずに，
文字式の表し方にしたがって表す。

(1) 1個a円のりんごを8個買い，b円の箱につめてもらっ
　　たときの代金

代金＝りんごの代金＋箱の代金 - - - - - - - - - - - - - -

　　　　↓　　　　　↓

　　　$a×8$　　　　b

> ことばの式や公式に
> 文字や数をあてはめ
> れば，式に表せる。

だから，　　　　(円) - - - - - - - - - - - - -
　　↖×の記号ははぶく。

> (8a+b)円
> のように表すことも
> ある。

(2) 5人がx円ずつ出して，y円の品物を買ったときの
　　残金

残金＝5人が出した金額の合計－品物の代金

　　　　↓　　　　　　　↓

　　　　＿＿＿＿　　　　＿＿＿

だから，　　　　(円)

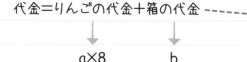
$a$kmて何kmよ～

(3) a kmの道のりを，5時間かかって歩いたときの速さ

速さ＝道のり÷時間

　　↓　　↓

　　＿＿＿＿

だから，　　(km／h) - - - - - - - - - - - -

> km/hは，
> 時速を表す単位。
> h は hour（時）の
> 頭文字。

(4) 2人の体重がa kg，b kgのときの体重の平均

平均＝合計÷個数

　　↓　　↓

　　＿＿＿＿

だから，　　　(kg)

(2)単位が異なる数量の表し方

答える単位にそろえて式をつくる。

(1) a mのロープからb cmのロープを3本切り取ったときの残りの長さ

　　a mを答える単位のcmで表すと，

　　　a m＝100a cm

　　切り取った長さは，b×3＝ _____ (cm)

　　したがって，残りの長さは， _____ (cm)

> 残りの長さをmの
> 単位で求めるときは，
> $$bcm = \frac{b}{100}m$$
> だから，
> $$a - \frac{3b}{100}(m)$$

(3)割合を使った数量の表し方

百分率や歩合で表された割合は，分数で表す。

> 小数で表すことも
> できる。

(1) x km^{2}の土地の37％の面積

　　37％を分数で表すと，$\dfrac{37}{100}$

　　したがって，面積は， _____ (km^2)

> **ポイント**
> $a\% \rightarrow \dfrac{a}{100}$
> （または0.01a）
> a割 $\rightarrow \dfrac{a}{10}$
> （または0.1a）

(4)式の表す数量

文字式がどんな数量を表しているか考える。

(1) 1個a円のみかんと，1個b円のりんごがあります。
　　このとき，5a＋3bは何を表していますか。

　　5a(円) → a×5(円)だから，みかん _____ 個の代金

　　3b(円) → b×3(円)だから，りんご _____ 個の代金

　　したがって，5a＋3bは，

　　みかん _____ 個とりんご _____ 個の代金の合計を表している。

33

12 式の値

(1)代入と式の値

10kmの道のりを, 時速akmで3時間進んだときの残りの道のり
は,

　　10－3a(km)

と表せる。

速さが時速2kmのとき, 残りの道のりは,

　　10－3a＝10－3×a

　　　　　＝10－3×＿＿＝＿＿(km)

10－3aの式のaに
2をあてはめれば
求められる。

　　→式の中の文字を数におきかえることを, 文字にその数を

　　　　　　　＿＿＿＿という。

・おきかえた数を文字の値という。

・代入して計算した結果を＿＿＿＿という。

代入は
代わりに入れる
こと。

(2)代入のしかた

×や÷の記号を使った式に直してから代入する。

負の数は( )をつけて代入する。

(1) $x=5$のとき, $8-2x$の式の値

　　$8-2x=8-2\times x$

　　　　　$=8-2\times$ ＿＿　　　xに5を代入

　　　　　$=8-$ ＿＿　　　乗法

　　　　　$=$ ＿＿

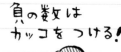
注意!
加減より乗除を
先に計算する。

(2) $x=-3$のとき, $8-2x$の式の値

　　$8-2x=8-2\times x$

　　　　　$=8-2\times($ ＿＿$)$　　　xに-3を代入

　　　　　$=8+$ ＿＿　　　乗法

　　　　　$=$ ＿＿　　　$8-(-6)$

負の数は
カッコをつける!

(3) いろいろな式への代入

式の意味を考えて, 文字の値を代入する。

(1) $x=-2$のとき, $-x-5$の式の値

$-x-5=(-1)\times x-5$
$\qquad =(-1)\times \underline{\quad\quad} -5$　　xに-2を代入
$\qquad = \underline{\quad} -5$　　乗法
$\qquad =$

> $-x$ に -2 を代入するときは,
> $-x=-(-2)$
> としてもよい。

(2) $x=-\dfrac{2}{3}$のとき, $\dfrac{8}{x}$の式の値

$\dfrac{8}{x}=8\div x$

xに$-\dfrac{2}{3}$を代入

$\qquad =8\div$

$\qquad =$

ポイント
> 分数の式に代入するときは,
> ÷を使った式に直して代入する。

(3) $a=-2$のとき, a^3の式の値

$a^3=(\quad\quad)^3$　←aに-2を代入
$\quad =(-2)\times \underline{\quad\quad\quad}$　← 乗法の式に直す。
$\quad =\underline{\quad}$

> $-a^3$なら, 式の値は,
> $-a^3=-(-2)^3$
> $\qquad =-(-8)$
> $\qquad =8$
> となる。

うっかりミス!!

(4) $a=\dfrac{2}{3}$のとき, a^2の式の値

$a^2=\dfrac{2^2}{3}=\dfrac{4}{3}$　✓　←$\dfrac{2}{3}$にかっこをつけて代入し, $\dfrac{2}{3}$全体を2乗しないといけない。

解きなおし
✎左の計算を正しく解きましょう。

(5) $a=-2$, $b=5$のとき, $3a+2b$の式の値

$3a+2b=3\times a+2\times b$
$\qquad =3\times \underline{\quad\quad} +2\times \underline{\quad\quad}$　　aに-2, bに5を代入
$\qquad = \underline{\quad} + \underline{\quad}$
$\qquad = \underline{\quad}$

🔟 式の加減

(1)項と係数

加法だけの式で, 加法の記号＋で結ばれた1つ1つの文字式や数を

　　　という。

文字をふくむ項の数の部分を　　　という。

　　$x-2y+3=x+(-2y)+3$だから,

　　　項は,　　　,　　　　,

　　　xの係数は　　　, yの係数は

項x, $-2y$のように, 文字が1つだけの項を　　　　という。

1次の項だけか, 1次の項と数の項の和で表すことができる式を

　　　　　という。

　　　1次式…$3x, 5x-3, 4x+2y+1$など。

　　　1次式でないもの…$x^2, 3xy, 2x^2+x+5$など。

$\dfrac{x}{3}$の係数は

$\dfrac{x}{3}=\dfrac{1}{3}x$だから,

$\dfrac{1}{3}$

係数です

-1

見えないけどいたのね

-1　$3x$

(2)式を簡単にすること

　　$5x+2x=(5+2)x=$　　　

　　$5x+2x$

　　　　$5x$　　　$2x$

　　　　　x

　　$5x-2x=(5-2)x=$　　　

　　$5x-2x$

　　　　$5x$

　　　　　$2x$

$5x+2x, 5x-2x$ではxは同じ数を表しているから, 1つの項にまとめて, 簡単にすることができる。

分配法則の逆向きの形

文字の部分が同じ項は, $mx+nx=(m+n)x$を使って,

1つの項にまとめることができる。

(1) $-5x+2x$　　　係数の和

$\quad=(\quad)x$

$\quad=$　　　

(2) $x-3x$　　　係数の和

$\quad=(\quad)x$

$\quad=$

(3)文字と数の項がある式の計算

文字の項どうし, 数の項どうしをそれぞれまとめる。

(1) $7x + 2 - 2x - 5$

　　$= 7x \qquad + 2$　　⟩ 文字の項, 数の項を集める。

　　$=$ ___　　⟩ 文字の項, 数の項どうしをまとめる。

(4) 1次式の加減

$+(\ )$は, そのまま$(\ )$をはずす。

$-(\ )$は, $(\ )$の中の各項の符号を変えて, $(\ )$をはずす。

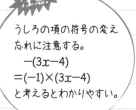

注意!

うしろの項の符号の変え忘れに注意する。
$-(3x-4)$
$=(-1)\times(3x-4)$
と考えるとわかりやすい。

(1) $2x - (3x - 4)$

　　$= 2x$ ___　　⟩ $-(\ )$の中の各項の符号を変えて$(\ )$をはずす。

　　$=$ ___　　⟩ 文字の項をまとめる。

(5)式をたすこと・ひくこと

式に$(\ )$をつけて, $+$, $-$の記号でつなぎ, 次に$(\ )$をはずして計算する。

(1) 次の2つの式をたしなさい。また左の式から右の式をひきなさい。

　　$x+4$, $-6-3x$

縦書きにして計算してもよい。
$$\begin{array}{r} x+4 \\ +)\ -3x-6 \\ \hline -2x-2 \end{array}$$

$$\begin{array}{r} x+4 \\ -)\ -3x-6 \\ \hline 4x+10 \end{array}$$

たす　$(x+4) + (-6-3x)$

　　　$= x + 4$ ___　　⟩ そのまま$(\ )$をはずす。

　　　$= x \qquad +$ ___　　⟩ 文字の項, 数の項を集める。

　　　$=$ ___　　⟩ 文字の項, 数の項どうしをまとめる。

ひく　$(x+4) - (-6-3x)$

　　　$= x + 4$ ___　　⟩ 符号を変えて$(\ )$をはずす。

　　　$= x \qquad +$ ___　　⟩ 文字の項, 数の項を集める。

　　　$=$ ___　　⟩ 文字の項, 数の項どうしをまとめる。

14 式の乗除

(1)項が1つの式と数との乗除

乗法…数どうしの積を求め, それに文字をかける。

除法…分数の形にして, 数どうしで約分する。

　　　または, わる数を逆数にして乗法に直して計算する。

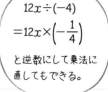

$12x \div (-4)$
$= 12x \times \left(-\dfrac{1}{4}\right)$
と逆数にして乗法に
直してもできる。

(1) $4x \times (-7)$

　$= 4 \times \underline{\quad} \times x$ 　数どうしを
　　　　　　　　　　　　かける

　$= \underline{\qquad}$

(2) $12x \div (-4)$ 　　分数の形に
　　　　　　　　　　　　する。

　$= - \underline{\qquad}$

　$= \underline{\qquad}$ 　数どうしで
　　　　　　　約分する

(3) $-6x \div \dfrac{3}{4} = -6x \times \underline{\quad}$ 　←逆数にしてかける。

　$= \underline{\qquad}$ 　　約分する

わる数が分数のときは,
逆数にして乗法に直す。

(2)項が2つの式と数との乗除

分配法則
$a(b+c) = ab + ac$

乗法…分配法則を使って, かっこの外の数をかっこの中のすべて
　　　の項にかける。

除法…分数の形にして, 数どうしで約分する。

　　　または, わる数を逆数にして乗法に直して計算する。

注意!

うしろの項にかけ忘れ
てはダメ!

(1) $3(2x-4)$

　$= 3 \times \underline{\quad} + 3 \times (\underline{\quad})$ 　分配法則を使う。

　$= \underline{\qquad}$

(2) $(18x+12) \div 3$ 　　分数の形にする。

　$= \underline{\quad} + \underline{\quad}$

　$= \underline{\qquad}$

すべての項を
3でわる。
または$\dfrac{1}{3}$を
かけると
考えればいい。

$(18x+12) \div 3$
$= \dfrac{18x+12}{3}$
$= \dfrac{18x}{3} + \dfrac{12}{3}$
または,
$(18x+12) \div 3$
$= (18x+12) \times \dfrac{1}{3}$
$= \dfrac{18x}{3} + \dfrac{12}{3}$

(3)分数の形の式と数との乗法

分母とかける数で約分し,「( )×数」の形にしてから
かっこをはずす。

$(1)\ \dfrac{2x+3}{3}\times 9$

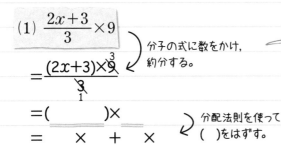

$=\dfrac{(2x+3)\times \overset{3}{\cancel{9}}}{\underset{1}{\cancel{3}}}$

分子の式に数をかけ,
約分する。

$=(\qquad)\times$

$=\quad\times\quad+\quad\times$

$=$

分配法則を使って
( )をはずす。

注意
分子の式にはかっこを
つける。

かっこをつけたり
はずしたり
大いそし…

(4)数×( )の加減

分配法則を使ってかっこをはずし,文字の項,数の項をまとめる。

$(1)\ 2(x+3)+3(2x-1)$
$=2x+6+$
$=2x+\quad+$
$=$

分配法則を使って( )をはずす。
文字の項,数の項どうしを集める。
文字の項,数の項をまとめる。

注意
分配法則を使うときは,
かけ忘れと符号に
注意!

$(2)\ 3(x-3)-5(x-2)$
$=3x-9$
$=$
$=$

分配法則を使って( )をはずす。
文字の項,数の項どうしを集める。
文字の項,数の項をまとめる。

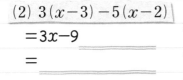

分配法則
強い味方!

15 関係を表す式

(1)等しい関係を表す式

「1冊180円のノートをa冊と, 60円の消しゴムを1個買ったら, 代金はb円になった。」

→(ノートの代金)+(消しゴムの代金)が, 代金の合計b円に等しいから,

$$180a+60=b$$

とうごう
だれ?

このように等号=を使って, 2つの数量が等しい関係を表した式を　　　　という。

等式で, 等号の左側の式を　　　　　, 右側の式を　　　　といい, その両方を合わせて　　　　という。

等式

$$\underset{\text{左辺}}{\underline{180a+60}}=\underset{\text{右辺}}{\underline{b}}$$

両辺

> 左辺と右辺を入れかえても, 等式は成り立つ。
> $180a+60=b$
> $b=180a+60$

(2)等しい関係を等式に表す

等しい数量を読み取り, 文字式で表して等号で結ぶ。

(1) りんごの値段a円は, みかんの値段b円より80円高い。

りんごの値段とみかんの値段+80円は等しいから,

$$a=\underline{}$$

> (1) $a-b=80$
> (2) $y+3=5x$
> など, いろいろな表し方ができるが, 文の通りに表すとやりやすい!

(2) あめがy個ある。このあめを5人にx個ずつ分けようとすると, 3個たりない。

5人に分けるあめの数は, $x\times5=\underline{}$ (個)

あめの数y個は, 5人に分けるあめの数より3個少ないということだから,

$$y=\underline{}$$

ナゼ
3個たり
エヘッ!

(3)大小関係を表す式

「ある数 x の3倍から4をひいた数は，10より大きい。」

→ x の3倍から4をひいた数と10の関係は，次のように表せる。

$3x-4>10$ - - - - - - -

> a は b より大きい。
> $a>b$

このように，不等号を使って，2つの数量の大小関係を表した式を　　　という。

ふとうしき
不等式で，不等号の左側の式を　　　，右側の式を　　　とい
い，その両方を合わせて　　　という。

> b 以上…b と等しいか，
> 　　　　 b より大きい。
> b 以下…b と等しいか，
> 　　　　 b より小さい。
> b 未満…b より小さい。
> a は b 未満…$a<b$

不等号にはほかに，≧，≦がある。

　　a は b 以上……a　　b　　　　a は b 以下…a　　b

(4)大小関係を不等式に表す

数量の大小関係を読み取り，文字式で表して不等号で結ぶ。

(1) 1本 a 円の鉛筆4本は，500円で買える。

　　鉛筆4本の代金は，500円　　　だから，

　　　$4a$

> 500円で買えるから
> 500円ちょうどでも
> いいね。

(5)関係を表す式の意味

文字式や数が表す意味を調べ，関係を考える。

(1) 1個 x 円のガムと，1個 y 円のあめがあります。このとき，$2x+3y<400$ はどんなことを表していますか。

　　$2x$ は，ガム　　個の代金，$3y$ は，あめ　　個の代金を表している。

　　したがって，ガム　　個とあめ　　個の代金の合計は，400円
　　であることを表している。

> 「400円より安い」
> ともいえる。

確認テスト②

/100

●目標時間：30分　●100点満点　●答えは別冊20ページ

重要

1 次の式を，文字式の表し方にしたがって表しなさい。　〈3点×4〉

(1) $b \times (-1) \times a$

〔　　　　　　〕

(2) $9 \times x \times y \times y$

〔　　　　　　〕

(3) $(x+2) \div y$

〔　　　　　　〕

(4) $a \times 5 + 1 \div b$

〔　　　　　　〕

2 次の式を，×や÷を使って表しなさい。　〈3点×4〉

(1) $x(y+4)$

〔　　　　　　〕

(2) $3a^3 b$

〔　　　　　　〕

(3) $\dfrac{5(x-3)}{y}$

〔　　　　　　〕

(4) $\dfrac{a}{4} - 6b$

〔　　　　　　〕

3 次の数量を表す式を書きなさい。　〈3点×3〉

(1) 底辺が $a$cm，高さが $h$cm の平行四辺形の面積

〔　　　　　　〕

(2) $y$km の道のりを，分速 $x$km で走ったときにかかる時間

〔　　　　　　〕

(3) a 円の品物を30%引きで買ったときの代金

〔　　　　　　〕

4 1辺が $a$cm の立方体があります。このとき，$6a^2$ はどんな数量を表しているか答えなさい。また，その単位も書きなさい。　〈3点〉

〔　　　　　単位…　　　　　〕

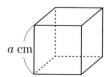

重要

5 $x=-2$ のとき，次の式の値を求めなさい。　〈3点×2〉

(1) $3x^2 - 15$

〔　　　　　　〕

(2) $-\dfrac{6}{x}$

〔　　　　　　〕

6 次の式の項と係数を答えなさい。 〈3点×2〉

(1) $3a+b$

(2) $\dfrac{x}{5}-4y$

$\left[\begin{array}{l}項\cdots\cdots\\ 係数\cdots\end{array}\right.$ $\left.\right]$

$\left[\begin{array}{l}項\cdots\cdots\\ 係数\cdots\end{array}\right.$ $\left.\right]$

重要
7 次の計算をしなさい。 〈4点×4〉

(1) $-7x+3x$

(2) $8a-3-6-7a$

$\left[\right]$ $\left[\right]$

(3) $(a-6)+(8a+4)$

(4) $(4x-2)-(5x-7)$

$\left[\right]$ $\left[\right]$

重要
8 次の計算をしなさい。 〈4点×6〉

(1) $7a\times(-6)$

(2) $8x\div\left(-\dfrac{2}{5}\right)$

$\left[\right]$ $\left[\right]$

(3) $(-12a+28)\div4$

(4) $\dfrac{3x-1}{5}\times(-15)$

$\left[\right]$ $\left[\right]$

(5) $5(a-4)+3(2a+4)$

(6) $6(2x-3)-4(3x-4)$

$\left[\right]$ $\left[\right]$

9 次の数量の関係を，等式または不等式で表しなさい。 〈4点×3〉

(1) 100 本の鉛筆を，a 人に 4 本ずつ配ったら，b 本あまる。

$\left[\right]$

(2) ある数 x を 3 倍して 5 をひいた数は，もとの数 x に 20 をたした数より小さい。

$\left[\right]$

(3) A さんの数学のテストの得点は x 点，国語のテストの得点は y 点で，2 つのテストの平均点は 80 点以上だった。

$\left[\right]$

16 方程式とその解

(1)方程式と解

式の中の文字に特別な値(あたい)を代入すると成り立つ等式を,

　　　　　という。

$2x+4=8$は,

$x=2$のとき, 左辺$=2×2+4=8$

右辺の値と等しくなり, 等式が成り立つから,

$2x+4=8$は　　　　である。

> $x=1$のとき,
> 左辺$=2×1+4=6$
> $x=3$のとき,
> 左辺$=2×3+4=10$
> $x=2$のときだけ成り立つ。

このように, 方程式(ほうていしき)を成り立たせる文字の値を, その方程式の

　　　　　という。上の方程式の解(かい)は,

また, 方程式の解を求めることを, 方程式を　　　　という。

> **ポイント**
> xについての1次式で表される方程式の解は1つだけ。

---

(1) 次の方程式のうち, 2が解であるものはどちらですか。

　⑦　$4x+7=16$　　④　$5x-4=3x$

　⑦…左辺$=4×$　　$+7=$

　　　右辺$=16$

　④…左辺$=5×$　　$-4=$

　　　右辺$=3×$　　$=$

　　　　　　　　　　　　　　　　　　　　　　答

---

(2)等式の性質

> **ポイント!**

| 等式の性質 | 等式については, 次のことがいえる。 |

① 等式の両辺に同じ数をたしても, 等式は成り立つ。

　　$A=B$　ならば, $A+C=B+$

② 等式の両辺から同じ数をひいても, 等式は成り立つ。

　　$A=B$　ならば, $A-C=B-$

③ 等式の両辺に同じ数をかけても, 等式は成り立つ。

　　$A=B$　ならば, $A×C=B×$

④ 等式の両辺を同じ数でわっても, 等式は成り立つ。

　　$A=B$　ならば, $\dfrac{A}{C}=\dfrac{B}{C}$　$(C≠0)$

> 左辺と右辺が等しくないことは, 記号≠を使って表す。
> $C≠0$…Cは0でない。

(3)等式の性質を使って方程式を解く

等式の性質を使って，方程式を$x=$数の形にすれば，解が求められる。

ポイント

左辺の数の項を0にする！

(1) $x-5=-2$ → 左辺をxだけにするため，両辺に5をたす。

$x-5\ \underline{}=-2\ \underline{}$

$x=\underline{}$

つり合ったまま！

(2) $x+9=3$ → 左辺をxだけにするため，両辺から9をひく。

$x+9\ \underline{}=3\ \underline{}$

$x=\underline{}$

ポイント

左辺のxの係数を1にする！

(3) $\dfrac{x}{3}=-4$ → 左辺をxだけにするため，両辺に3をかける。

$\dfrac{x}{3}\times\underline{}=-4\ \underline{}$

$x=\underline{}$

両辺に$\dfrac{1}{4}$をかけると考えてもよい。
$4x\times\dfrac{1}{4}=-24\times\dfrac{1}{4}$

(4) $4x=-24$ → 左辺をxだけにするため，両辺を4でわる。

$4x\div\underline{}=-24\div\underline{}$

$x=\underline{}$

うっかりミス

(5) $-\dfrac{2}{3}x=6$

$-\dfrac{2}{3}x\times\dfrac{3}{2}=6\times\dfrac{3}{2}$ ← 両辺に$\dfrac{3}{2}$をかけると，

$x=9$

$-x=\sim$の形になってしまう。
xの係数が負の数のときは，
両辺にその負の数の逆数をかける。

解きなおし

✏左の方程式を正しく解きましょう。

17 方程式の解き方

(1)移項

次の方程式を解くと，

$$3x-9=6$$ 両辺に9をたす。
$$3x-9+9=6+9$$
$$3x=6+9$$
$$3x=\underline{\quad\quad}$$ 両辺を3でわる。
$$x=\underline{\quad\quad}$$

上の方程式の解き方で〰〰〰〰の2つの式を比べると，−9が+9と，符号が変わって右辺に移った形になっている。

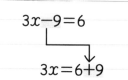

$$3x-9=6$$
$$\downarrow$$
$$3x=6+9$$

このように，等式の一方の辺にある項を，その項の符号を変えて，他方の辺に移すことを　　　という。

行こう! 変身! 移項=→

(2)移項して方程式を解く

左辺の数の項は右辺に移項する。
右辺の x の項は左辺に移項する。

移項は等式の性質を使っていることと同じ。
$$4x+3=-13$$
$$4x+3-3=-13-3$$
$$4x=-13-3$$

(1) $4x+3=-13$　左辺の+3を右辺に移項する。
$$4x=-13$$　右辺をまとめる。
$$4x=\underline{\quad\quad}$$　両辺を x の係数でわる。
$$x=\underline{\quad\quad}$$

注意!
移項するときは，必ず項の符号を変える。

(2) $8x=3x-15$　右辺の $3x$ を左辺に移項する。
$$8x\underline{\quad\quad}=\underline{\quad\quad}$$　左辺をまとめる。
$$\underline{\quad\quad}=\underline{\quad\quad}$$　両辺を x の係数でわる。
$$x=\underline{\quad\quad}$$

(3)方程式の解き方

文字は左に、
数は右に!

| 方程式の解き方 | 方程式は基本的に次のようにして解く。 |

①文字の項を左辺に, 数の項を
　右辺に移項する。 $\longrightarrow$

$$4x-2=x+7$$
$$4x-x=7+2$$

②$ax=b$の形にする。 $\longrightarrow$ $\quad 3x=9$

③両辺をxの係数aでわる。 $\longrightarrow$ $\quad x=3$

xの係数が
正になる!

(1) $x+8=-3x+4$

$\qquad x \qquad =4$
$\qquad\quad = $
$\qquad\quad\overline{\qquad}$
$\qquad x= $

$\Big\}$ +8, $-3x$を移項する。
$\Big\}$ $ax=b$の形にする。
$\Big\}$ 両辺をxの係数でわる。

xの項を右辺に, 数の項
を左辺に移項してもよい。
$$4-2x=5x-2$$
$$4+2=5x+2x$$
$$6=7x$$
$$\frac{6}{7}=x$$
A＝BならばB＝Aなので,
$$x=\frac{6}{7}$$

(2) $4-2x=5x-2$

$\quad -2x \qquad =-2$
$\qquad\quad = $
$\qquad x= $

$\Big\}$ 4, $5x$を移項する。
$\Big\}$ $ax=b$の形にする。
$\Big\}$ 両辺をxの係数でわる。

(3) $x+3=3-2x$

$\quad x \qquad =3$
$\qquad\quad = $
$\qquad x= $

$\Big\}$ +3, $-2x$を移項する。
$\Big\}$ $ax=b$の形にする。
$\Big\}$ 両辺をxの係数でわる。

 注意!

$ax=0$ の解は, a の
値が 0 以外のどんな
数であっても, $x=0$
である。

うっかりミスる

(4) $2-7x=-5x+12$

$\quad 7x+5x=12-2 \leftarrow$ 左辺の文字の項は, $7x$ではなく
$\qquad 12x=10 \qquad\quad$ $-7x$である。
$\qquad\qquad\qquad\quad$ 項は符号をふくめて考える。
$\qquad x=\dfrac{5}{6}$

解きなおし

左の方程式を正しく解きましょう。

18 いろいろな方程式と比例式

(1)かっこのある方程式

かっこがある方程式は、　　　　法則を利用して、
かっこをはずしてから解く。

ポイント

分配法則
$a(b+c)=ab+ac$
$a(b-c)=ab-ac$

（1）$3(x-1)=2x+3$

$\quad 3x\qquad =2x+3$

$\quad 3x\qquad =3$

$\qquad x=$

　かっこをはずす。
　移項（いこう）する。
　$ax=b$ の形にする。

かっこを
はずす。

(2)小数, 分数をふくむ方程式

小数をふくむ方程式は, 両辺に10, 100, …をかけて,
係数を　　　　にしてから解く。

注意！

小数点以下のけた数が
最大のものが整数になる
ように, 何倍すればよい
か考える。

（1）$0.5x-1.5=0.25x+1$

$\quad 50x\qquad\qquad =$

$\quad 50x\qquad\qquad =$

$\qquad\qquad\qquad =$

$\qquad x=$

　両辺に100をかけて,
　係数を整数にする。
　移項する。
　$ax=b$ の形にする。
　両辺を x の係数でわる。

注意！

整数の項にかけ
忘れてはダメ!

分数をふくむ方程式は, 両辺に分母の　　　　　　　　をかけて,
分数をふくまない方程式にしてから解く。
このようにして, 分数をふくまない方程式に直すことを,
分母を　　　　　という。

分母を
はらう!

（2）$\dfrac{3x+2}{2}=\dfrac{2x-7}{3}$

$\dfrac{3x+2}{2}\times\underline{}=\dfrac{2x-7}{3}\times\underline{}$

$(3x+2)\times\underline{}=(2x-7)\times\underline{}$

$\qquad\qquad =$

$\qquad\qquad =$

$\qquad x=$

　両辺に分母の最小
　公倍数をかける。

　分母をはらう。

　かっこをはずす。
　$ax=b$ の形にする。

注意！

分母をはらうとき,
2つの項の式には
かっこをつける。

これまでの方程式のように, 移項して整理すると,

$ax + b = 0 \ (a \neq 0)$

の形になる方程式を, ＿＿＿＿＿ という。

(3)比例式とその性質

2つの比 $a:b$ と $c:d$ が等しいことを, $a:b=c:d$ と表し, このような比が等しいことを表す式を, ＿＿＿＿＿ という。

> 比 $a:b$ で, a, b を比の項といい, $\dfrac{a}{b}$ を比の値という。

比例式 $a:3=b:4$ は, 右のように変形でき, 次のようになることがわかる。

外側の項の積

$a:3=b:4 \rightarrow 4a=3b$

内側の項の積

$$a:3=b:4$$
$$\frac{a}{3}=\frac{b}{4}$$
$$\frac{a}{3}\times12=\frac{b}{4}\times12$$
$$4a=3b$$

このことから, 比例式では次のことが成り立つ。

比例式の性質

$a:b=c:d$ ならば $ad=bc$

ポイント！

> 比例式にふくまれる文字の値を求めることを, 比例式を解くという。

(4)比例式を解く

比例式の性質を使って, 方程式をつくって解く。

(1) $x:20=7:4$ 　　$a:b=c:d$ ならば $ad=bc$

$x=$ ＿＿＿＿＿

$x=$ ＿＿＿＿＿

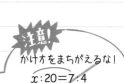

注意！

かけ方をまちがえるな！
$x:20=7:4$
$7x=80$

(2) $(x+10):18=x:6$

$(x+10)=$ 　　$a:b=c:d$ ならば $ad=bc$

$=$ 　　かっこをはずす。

$=$ 　　$ax=b$ の形にする。

$x=$ ＿＿＿＿＿

> $(x+10)$ はひとまとまりとみて式に表す。

19 方程式の利用

(1)方程式の利用

方程式を使って問題を解くときは, 次のようにする。

解き方の手順

① 方程式をつくる………… 問題の内容を整理し, 何をxを使って表すか決め, 等しい数量関係を見つけて, 方程式をつくる。

② 方程式を解く

③ 　　　を検討する……… 解が問題にあてはまるかどうか調べる。

ふつうは 求めるものを xとする！

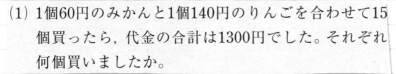

(1) 1個60円のみかんと1個140円のりんごを合わせて15個買ったら, 代金の合計は1300円でした。それぞれ何個買いましたか。

みかんの個数をx個とすると, りんごの個数は,

　　　　(個)と表せる。

(みかんの代金)+(りんごの代金)=(代金の合計)だから,

方程式は, $60x+$ 　　　　　$=$

これを解いて, $x=$ 　　← この解は問題にあっている。

りんごの個数は, $15-$　　$=$　　(個)

答　みかん　　個, りんご　　個

> みかんの代金は,
> $60 \times 10 = 600$ (円)
> りんごの代金は,
> $140 \times (15-10) = 700$ (円)
> 代金の合計は,
> $600+700 = 1300$ (円)
> だから, $x=10$は
> 問題にあっている。

(2) 何人かに鉛筆を配るのに, 1人に5本ずつでは12本たりず, 1人に4本ずつでは15本余ります。配る人数は何人ですか。

配る人数をx人として, 2通りの配り方のときの鉛筆の本数を式に表すと,

　　　5本ずつ配るとき…$5x$　　　　(本)

　　　4本ずつ配るとき…$4x$　　　　(本)　鉛筆の本数は等しい。

方程式は, $5x$　　　$=4x$

これを解いて, $x=$　　　← この解は問題にあっている。

答　　　　人

> 鉛筆の本数は,
> 1人に5本ずつ配るとき,
> $5 \times 27 - 12 = 123$ (本)
> 1人に4本ずつ配るとき,
> $4 \times 27 + 15 = 123$ (本)
> だから, $x=27$は
> 問題にあっている。

(3) 妹が家を出てから8分後に，兄は家を出て妹を追い
　　かけました。妹は分速60m，兄は分速90mで歩くと
　　すると，兄は家を出てから何分後に妹に追いつきま
　　すか。

　　兄が家を出てからx分後に追いつくとすると，妹の歩いた時間
　　は，　　　　（分）と表せる。

　　追いついたとき，2人の歩いた道のりは等しいから，方程式は，

　　$90x=$

　　これを解いて，$x=$　　　←　この解は問題にあっている。

　　　　　　　　　　　　　　　　　　　答　　　　　分後

> 兄が歩いた道のりは，
> $90×16=1440$(m)
> 妹が歩いた道のりは，
> $60×(8+16)=1440$(m)
> だから，$x=16$は
> 問題にあっている。

> 道のり＝速さ×時間
> 速さ＝道のり÷時間
> 時間＝道のり÷速さ
> 〜覚える！

(2)比例式の利用

　求めるものをxとして，等しい比を見つけて比例式で表す。

(1) 1mのテープを，姉と妹で長さの比が3：2になるよ
　　うに分けるとき，姉の長さは何cmになりますか。

　　全体の長さは，3+2=5で5にあたる。

　　姉のテープの長さを$x$cmとすると，全体の長さと姉の長さの比

　　を考えて，比例式は，

　　$100：x=5：3$

　　　　$x=$

　　　　$x=$　　　　　　　　　　　　答　　　　cm

> わかっているのは全体の
> 長さだから，全体と姉の
> 長さの比を考える。

(3)解から別の文字の値を求める

　方程式に解を代入し，別の文字について解く。

(1) xについての方程式$6x-8=a+2x$の解が3のとき，
　　aの値を求めなさい。

　　$6x-8=a+2x$に$x=3$を代入して，

　　$6×\quad-8=a+2×$

　　　　$a=$

> aについての方程式
> とみて解けばよい。

確認テスト③

●目標時間：３０分　●１００点満点　●答えは別冊 21 ページ

1 次の方程式のうち，－2 が解であるものを選んで，記号で答えなさい。　〈5点〉

ア　$4x+1=9$　　　　　　イ　$7x+6=3x$　　　　　ウ　$3-2x=9+x$

〔　　　　　〕

2 次の方程式を解きなさい。　〈3点×6〉

(1)　$x-3=7$　　　　　　　　　　　(2)　$9x=-54$

〔　　　　　〕　　　　　　　　　　　〔　　　　　〕

(3)　$\dfrac{x}{8}=-7$　　　　　　　　　　(4)　$-4x+18=2x$

〔　　　　　〕　　　　　　　　　　　〔　　　　　〕

(5)　$5x-13=9x-19$　　　　　　(6)　$3x-5=-5+4x$

〔　　　　　〕　　　　　　　　　　　〔　　　　　〕

重要

3 次の方程式を解きなさい。　〈4点×6〉

(1)　$3(x-4)=7x+4$　　　　　　(2)　$x+2(3x+1)=16$

〔　　　　　〕　　　　　　　　　　　〔　　　　　〕

(3)　$3-0.2x=0.4x-1.2$　　　　(4)　$0.3x+0.24=0.12x-0.3$

〔　　　　　〕　　　　　　　　　　　〔　　　　　〕

(5)　$\dfrac{2}{3}x+2=\dfrac{1}{4}x-\dfrac{1}{2}$　　　　　(6)　$\dfrac{3x-1}{2}=\dfrac{6x-7}{5}$

〔　　　　　〕　　　　　　　　　　　〔　　　　　〕

4 次の比例式を解きなさい。 〈4点×4〉

(1) $x:3=20:5$

(2) $28:12=x:9$

〔   〕　　　　　　〔   〕

(3) $\dfrac{3}{4}:\dfrac{5}{8}=x:15$

(4) $10:(x-9)=4:x$

〔   〕　　　　　　〔   〕

5 次の問いに答えなさい。 〈8点×4〉

(1) 1本90円のボールペンと1本70円の鉛筆を，あわせて14本買ったら，代金はボールペンのほうが鉛筆より460円高くなりました。ボールペンと鉛筆はそれぞれ何本買ったか求めなさい。

〔ボールペン…　　　　，鉛筆…　　　　〕

(2) 何人かにみかんを配るのに，1人に9個ずつでは17個余り，1人に11個ずつでは7個たりません。配った人数とみかんの個数をそれぞれ求めなさい。

〔人数…　　　　，みかん…　　　　〕

(3) 姉と妹が同時に家を出て，姉は分速80m，妹は分速60mでプールに歩いていったら，妹は姉より4分遅く着きました。家からプールまでの道のりは何mか求めなさい。

〔   〕

(4) ある日の昼の長さと夜の長さの比が5:3になっているとき，夜の長さは何時間か求めなさい。

〔   〕

6 xについての方程式 $6x-2(x-a)=4$ の解が $x=-2$ のとき，a の値を求めなさい。 〈5点〉

〔   〕

20 比例

(1)関数

周の長さが18cmの長方形の横の長さは，＿＿の長さにともなって変わり，＿＿の長さを決めると，横の長さはただ1つに決まる。

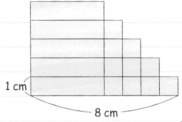

1 cm

8 cm

縦と横の長さの和は，
$18÷2＝9$ (cm)
だから，xとyの関係を式に表すと，
$y＝9－x$

縦の長さを$x$cm，横の長さを$y$cmとすると，yはxにともなって変わり，下の表のようにいろいろな値をとる。

x (cm)	1	2	3	4	5	6	7	8
y (cm)	8							

このx，yのように，いろいろな値をとる文字を＿＿という。
また，ともなって変わる2つの変数x，yがあって，xの値を決めると，それにともなって，yの値がただ1つに決まるとき，yはxの＿＿であるという。

変スー！

1辺が$x$cmの正方形の面積$y$cm^2
→xの値を決めると，yの値がただ1つに決まるから，yはxの＿＿である。

身長$x$cmの人の体重$y$kg
➡関数ではない！

(2)変域

変数のとりうる値の範囲を＿＿といい，次のように不等号を使って表す。

xの変域が，

0以上8以下

→$0≦x$

0より大きく8未満

→$0<x$

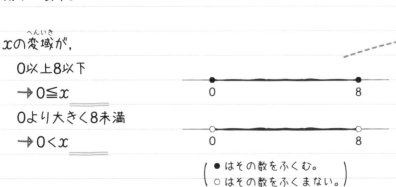

不等号の使い方
aは0以上…$a≧0$
aは0以下…$a≦0$
aは0より大きい
…$a>0$
aは0未満…$a<0$

(●はその数をふくむ。)
(○はその数をふくまない。)

(3)比例の式

分速70mで歩くときの，歩いた時間x分と歩いた道のりymの関係
は，次の式で表せる。

$$y＝70x$$

> 道のり＝速さ×時間

上の式の70のように，決まった数のことを　　　　　という。
また，yがxの関数（かんすう）で，

$$y＝ax \text{（aは定数（ていすう）)}$$

で表されるとき，yはxに　　　　　と
いい，定数aを　　　　　という。

ポイント
xとyの関係が，
$y＝(定数)×x$
の形で表せれば，
yはxに比例（ひれい）すると
いえる。

$$y＝ax$$
↑
比例定数

(4)比例の性質

比例 $y＝ax$ では，変数x，yの値や比例定数が負の数になるこ
ともあるが，正の数のときと同じく，次の性質が成り立つ。

①xの値が2倍，3倍，4倍，…になると，

yの値も　　　　　　　　，…になる。

②商 $\dfrac{y}{x}$ $(x≠0)$の値は　　　　で，比例定数aに　　　　。

ヒヒ例の性質は
小学校のときに
習ってる！

これ私？

(5)比例の式の求め方

$y＝ax$にx，yの値を代入し，aの値を求める。

（1）yはxに比例し，$x＝3$のとき$y＝-9$です。
　　　yをxの式で表しなさい。

ポイント
xとyの値が1組
わかれば，
比例の式が求め
られる。

$y＝ax$とおき，$x＝3$，$y＝-9$を代入して，

　　　＝$a×$　　　→ $a＝$

したがって，式は，$y＝$

ヒヒ例定数は
分数や小数に
なることもある。

変数xの変域に，$0≦x≦10$のような制限があるときは，
$y＝-3x$ $(0≦x≦10)$ のように書くこともある。

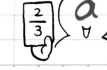

21 座標と比例のグラフ

(1)座標

負の数も範囲に入れて点の位置を
決めるには,それぞれの原点で直
角に交わっている2つの数直線を
考える。 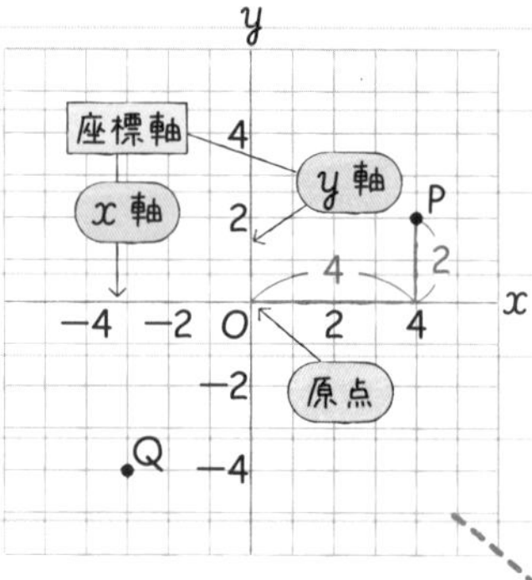
このとき,
横の数直線を ＿＿＿＿＿,
縦の数直線を ＿＿＿＿＿,
両方合わせて ＿＿＿＿,座標軸の交点Oを ＿＿＿ という。

右上の図の点Pは, $x=4$, $y=2$ に対応している。
この点を P(＿, ＿)と表し,この(4, 2)を
点Pの ＿＿＿ という。
そして, 4を ＿＿＿, 2を ＿＿＿ という。

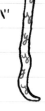

点Qの座標は,
(−3, −4)

座標
P(4, 2)
↑　　↑
x座標　y座標

座標に 0 があるときは,
座標軸上の点!
A(0, 2)なら,
点Aは y 軸上。
B(2, 0)なら,
点Bは x 軸上。

(2)比例のグラフ

$y=2x$ と $y=-2x$ のグラフは次のようになる。

$y=2x$

x	…	−3	−2	−1	0	1	2	3	…
y	…	−6	−4	−2	0	2	4	6	…

$y=-2x$

x	…	−3	−2	−1	0	1	2	3	…
y	…	6	4	2	0	−2	−4	−6	…

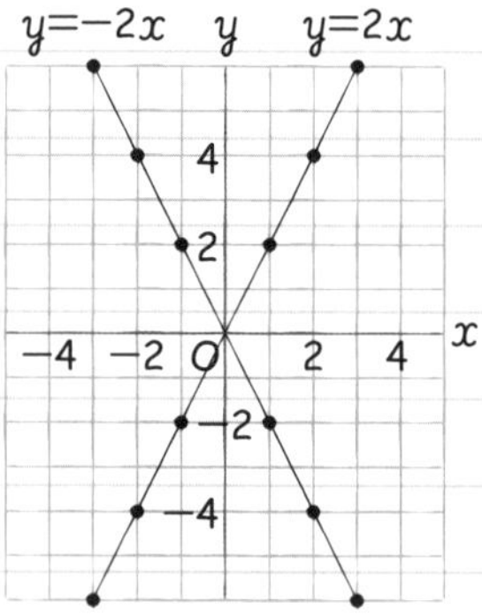

比例の関係 $y=ax$ のグラフは, ＿＿＿ を通る直線になり,
比例定数aの値によって,次のようになる。

$a>0$…右 ＿＿＿ の直線になり,xの値が増加すると,yの値も
　　　　　　　 ＿＿＿ する。

$a<0$…右 ＿＿＿ の直線になり,xの値が増加すると,yの値は
　　　　　　　 ＿＿＿ する。

$a>0$　右上がり

右下がり　$a<0$

(3)比例のグラフのかき方

$y＝ax$のグラフは, 原点ともう1点を通る直線をひく。

✏グラフをかきましょう。

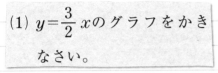

(1) $y＝\dfrac{3}{2}x$ のグラフをかき
なさい。

$x＝2$のとき, $y＝\underline{\quad}$ だから,
原点と点(___, ___)を通る直線
をひく。

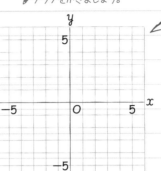

ポイント
原点以外のもう1点
の座標を求めれば,
グラフがかける！

原点を通らないと
減点！

(4)比例のグラフから式を求める

$y＝ax$に, グラフが通る点の座標を代入してaを求める。

(1) 右は比例のグラフです。
　　　yをxの式で表しなさい。

グラフは, 点$(-1, 3)$を通るから,
$y＝ax$に$x＝\underline{\quad}$, $y＝\underline{\quad}$ を
代入して,

$\underline{\quad}＝a×\underline{\quad}$

$a＝\underline{\quad}$

したがって, 式は, $y＝\underline{\quad}$

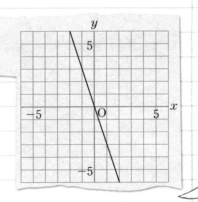

ポイント
グラフが通る点の座標
を見つければ,
比例の式に表せる。

比例といえば

$$y＝ax$$

(5)変域に制限があるグラフのかき方

変域内は実線で, 変域外は破線でかく。

(1) $y＝\dfrac{1}{2}x\,(0≦x≦6)$ の
グラフをかきなさい。

$x＝4$のとき, $y＝\underline{\quad}$ だから,
右の図のようになる。

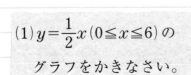

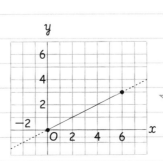

注意！
変域外まで実線を
のばしてはダメ！

22 反比例

(1)反比例の式

面積が6cm²の平行四辺形の底辺を$x$cm, 高さを$y$cmとしたとき, xとyの関係は下の表のようになる。

x(cm)	1	2	3	4	5	6
y(cm)	6	3	2	1.5	1.2	1

この表から, xとyの関係は, 次の式で表せる。

$$y = \underline{\quad} \div x \rightarrow y = \frac{6}{x}$$

平行四辺形の面積
＝底辺×高さ
だから,
高さ＝面積÷底辺

yがxの関数で,

$$y = \frac{a}{x} \text{（aは定数）}$$

で表されるとき, yはxに　　　　　　　　といい,
定数aを　　　　　　という。

$$y = \frac{a}{x}$$

比例定数

ポイント

xとyの関係が
$y = \dfrac{(定数)}{x}$
の形で表せれば,
yはxに反比例する
といえる。

(1) 4kmの道のりを, 時速$x$kmで歩いたときにかかる時間をy時間とするとき, yはxに反比例することを示しなさい。

時間＝道のり÷速さだから, 式は, $y =$

したがって, yはxに　　　　する。　$y = \frac{a}{x}$ の形

反比例定数
じゃないんだ！

(2)反比例の性質

反比例 $y = \dfrac{a}{x}$ では, 変数x, yの値や比例定数が負の数になることもあるが, 正の数のときと同じく, 次の性質が成り立つ。

①xの値が2倍, 3倍, 4倍, …になると,

yの値は　　　　　　　　　　　　, …になる。

②積xyの値は一定で, 比例定数aに　　　　　。
つまり, xとyの関係は, $xy = a$とも表せる。

xの位置に注目！

$y = \dfrac{x}{4}$　　$y = \dfrac{4}{x}$
↑　　　　↑
比例　　反比例

(3)反比例の式の求め方

$y=\dfrac{a}{x}$ に x, y の値を代入し，a の値を求める。

(1) y は x に反比例し，$x=3$ のとき $y=-2$ です。
　　y を x の式で表しなさい。

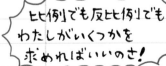

ポイント

x と y の値が1組わかれば，反比例の式が求められる。

$y=\dfrac{a}{x}$ とおき，$x=3$, $y=-2$ を代入して，

$$\underline{\quad\quad}=\dfrac{a}{\underline{\quad}} \rightarrow a=\underline{\quad\quad}$$

したがって，式は，$y=\underline{\quad\quad}$

〔別解〕　$xy=a$ とおき，$x=3$, $y=-2$ を代入して，

$3\times\underline{\quad\quad}=a \rightarrow a=\underline{\quad\quad}$

したがって，式は，$y=\underline{\quad\quad}$

反比例の式は，$xy=a$ とおいてもよい。

反比例といえば　　または

(2) y は x に反比例し，$x=2$ のとき $y=6$ です。$x=-4$ の
　　ときの y の値を求めなさい。

$y=\dfrac{a}{x}$ とおき，$x=2$, $y=6$ を代入して，

$$\underline{\quad\quad}=\dfrac{a}{\underline{\quad}} \rightarrow a=\underline{\quad\quad}$$

したがって，式は，$y=\underline{\quad\quad}$

この式に $x=-4$ を代入して，

$y=\underline{\quad\quad}=\underline{\quad\quad}$

比例でも反比例でもわたしがいくつかを求めればいいのさ！

23 反比例のグラフ

(1)反比例のグラフ

$y=\dfrac{6}{x}$ と $y=-\dfrac{6}{x}$ のグラフは次のようになる。

$y=\dfrac{6}{x}$

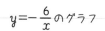

x	$\cdots$	-6	-5	-4	-3	-2	-1	0	1	2	3	4	5	6	$\cdots$
y	$\cdots$	-1	-1.2	-1.5	-2	-3	-6	×	6	3	2	1.5	1.2	1	$\cdots$

どんな数も0では
われないから,
x の値が0のときの
yの値はない。

$y=-\dfrac{6}{x}$

x	$\cdots$	-6	-5	-4	-3	-2	-1	0	1	2	3	4	5	6	$\cdots$
y	$\cdots$	1	1.2	1.5	2	3	6	×	-6	-3	-2	-1.5	-1.2	-1	$\cdots$

$y=\dfrac{6}{x}$ のグラフ

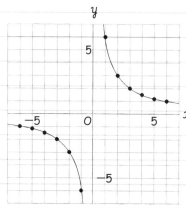

$y=-\dfrac{6}{x}$ のグラフ

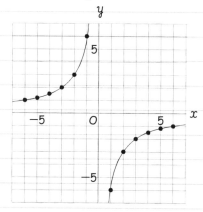

反比例のグラフは
2つで1つのグラフ!

反比例の関係 $y=\dfrac{a}{x}$ のグラフは,なめらかな2つの曲線になる。

この曲線を　　　　という。
また,比例定数 a の値によって,
グラフの位置は次のように
なる。

$a>0\cdots$右上と

$a<0\cdots$左上と

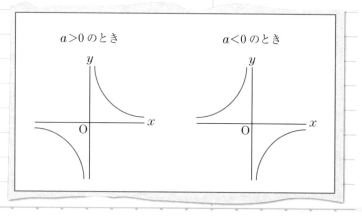

$a>0$ のとき　　　$a<0$ のとき

(2)反比例のグラフのかき方

対応するx, yの値の組を求め, それらの値の組を座標とする点を
とり, なめらかな2つの曲線で結ぶ。

(1) $y = \dfrac{8}{x}$ のグラフをかきなさい。

> x, y の値が整数に
> なるような値の組を
> 求めるとよい。

対応するx, yの値を求めると, 次のようになる。

✏グラフを完成させましょう。

x	-8	-4	-2	-1	0
y	-1	-2	___	___	×
		1	2	4	8
				2	1

対応する点をとり, 曲線で
結ぶ。

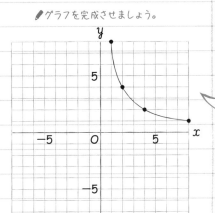

> 注意!
> グラフは, x軸や
> y軸とは交わらない。
> また, なめらかな曲線
> でかく。

y軸

くっついちゃ
ダメ!

(3)反比例のグラフから式を求める

$y = \dfrac{a}{x}$ に, グラフが通る点の座標を代入してaを求める。

(1) 右は反比例のグラフで
す。yをxの式で表しな
さい。

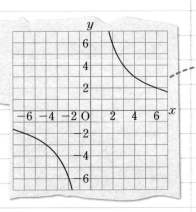

> グラフの通る点は,
> 点(4, 3)だけでなく,
> 点(6, 2), 点(3, 4)
> などでもよい。

グラフは, 点(4, 3)を通るから,

$y = \dfrac{a}{x}$ に$x =$ ___ , $y =$ ___

を代入して,

$3 =$ ___ ➡ $a =$ ___ したがって, 式は, $y =$ ___

ポイント

> グラフが通る点の座標
> を見つければ,
> 反比例の式に表せる。

24 比例と反比例の利用

(1)比例と反比例の利用

比例や反比例を利用する問題は, 次のようにして解く。

解き方の手順

①ともなって変わる2つの量の関係が比例になるか, 反比例になるか調べる。

②比例なら, $y=$ ____, 反比例なら, $y=$ ____ とおく。

③対応するx, yの値を代入して, ____ の値を求める。

④yをxの式で表し, その式にxまたはyの値を代入して, yまたはxの値を求める。

またまた登場!

$y=ax$ 　 $y=\dfrac{a}{x}$

> 長さが2倍, 3倍, …になると, 重さも2倍, 3倍, …になるから,
> 重さは長さに比例する。

(1) 針金6mの重さをはかったら, 78gありました。同じ針金35mの重さは何gですか。

針金xmの重さをygとすると, yはxに____するから,

$y=ax$とおき, $x=$ ____, $y=$ ____ を代入して,

____$=a\times$ ____ ➡$a=$ ____

したがって, 式は, $y=$ ____

この式に$x=$ ____ を代入して,

$y=$ ____ $\times$ ____ $=$ ____ 　　　答 ____ g

> aの値は, 針金1mの重さを表している。

(2) 分速80mで歩くと15分かかる道のりを, 分速150mで自転車で行くと, 何分かかりますか。

分速xmで行くと, 到着するのにy分かかるとすると,

$x\times y=$ ____ $\times$ ____ $=$ ____

したがって, 式は, $y=$ ____

この式に$x=$ ____ を代入して,

$y=$ ____ $=$ ____ 　　　答 ____ 分

> $x\times y$の値は, 道のりを表している。

> $y=\dfrac{a}{x}$の形になるので, 時間は速さに反比例することがわかる。

(2)比例のグラフの利用

x軸に時間，y軸に道のりをとった速さの関係をグラフに表すと，
いろいろなことを読み取ることができる。

(1) 兄と弟が家を同時に出発して，家から
600m離れた駅に，兄は分速75m，弟は
分速50mで歩きました。右のグラフは，
2人が家を出発してからx分後の家から
の道のりをymとして，兄の歩くようす
を示したものです。

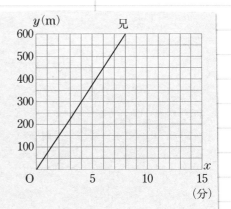

①弟の歩くようすを表すグラフをかき
　入れなさい。

②弟が駅に到着したのは，兄が到着し
　てから何分後ですか。

①弟の歩く速さは分速50mだから，道のり＝速さ×時間より，
　式は，

　$$y = \underline{\qquad} x \quad と表せる。$$

　この式に，$x=10$を代入すると，

　$$y = \underline{\qquad} \times \underline{\qquad} = \underline{\qquad}$$

　だから，原点と点(　　，　　)を通る直線をひく。

　✏弟の歩くようすを表すグラフをかき入れましょう。

> 一定の速さで進むとき，時間と道のりの関係を表すグラフでは，yはxに比例し，比例定数は速さになる。

②グラフから，駅までの600mを歩くのにかかる時間は，

　兄は　　分，弟は　　分とわかる。

　したがって，弟が到着したのは，兄が到着してから

　　　　分後。　　　　　　　　　　　　答　　　　分後

> 代入するxの値は，ほかの値でもよい。

ほかにも，グラフから次のようなことが読み取れる。

・家を出発してから4分後，2人は　　　m離れている。

・2人が150m離れるのは，家を出発してから　　分後。

・兄が駅に到着したとき，弟は駅の手前　　　mの地点にいる。

やっと着いたか
弟よ。

63

確認テスト④

/100

●目標時間：３０分　●１００点満点　●答えは別冊 21 ページ

1 次の(1)〜(3)について，y を x の式で表しなさい。また，y が x に比例するものには○，y が x に反比例するものには△，どちらでもないものには×を書きなさい。 〈5点×3〉

(1) 1辺が $x$cm の正方形の面積 $y$cm^2

式〔　　　　　〕〔　　　　〕

(2) 面積が 20cm^2 の三角形の底辺 $x$cm と高さ $y$cm

式〔　　　　　〕〔　　　　〕

(3) 上底が 3cm，下底が 5cm で，高さが $x$cm の台形の面積 $y$cm^2

式〔　　　　　〕〔　　　　〕

2 変数 x が次の範囲の値をとるとき，x の変域を不等号を使って表しなさい。 〈4点×2〉

(1) 正の数の範囲　　　　　　　　　(2) 0 以上 10 未満の範囲

〔　　　　　〕　　　　　　　　　　　〔　　　　　〕

重要

3 次の(1)，(2)について，y を x の式で表しなさい。 〈4点×2〉

(1) y は x に比例し，$x=3$ のとき，$y=-3$

〔　　　　　〕

(2) y は x に反比例し，$x=3$ のとき，$y=-3$

〔　　　　　〕

4 次の問いに答えなさい。 〈4点×6〉

(1) 右の図で，点 A，B，C，D の座標を求めなさい。

A〔　　　　〕 B〔　　　　〕
C〔　　　　〕 D〔　　　　〕

(2) 座標が次のような点を，右の図にかき入れなさい。

P$(-4, 5)$

Q$(3, 0)$

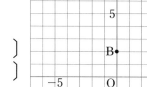

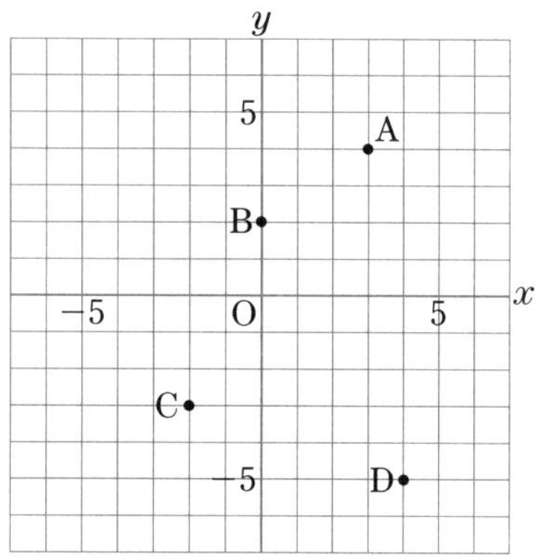

重要

5 次の(1)，(2)のグラフを，右の図にかきなさい。 〈6点×2〉

(1) $y = 3x$

(2) $y = -\dfrac{9}{x}$

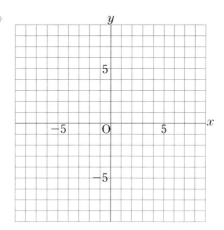

重要

6 右の比例と反比例のグラフについて，次の問いに答えなさい。 〈5点×3〉

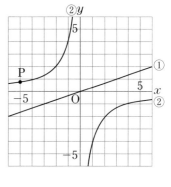

(1) ①，②のグラフについて，y を x の式で表しなさい。

① 〔　　　　　〕 ② 〔　　　　　〕

(2) 点Pは②のグラフ上の点で，x 座標は -5 です。点Pの y 座標を求めなさい。

〔　　　　　〕

7 毎分 3L ずつ水を入れると，24 分間で満水になる水そうがあります。この水そうで，1 分間に入れる水の量を x L，満水になるまでの時間を y 分として，次の問いに答えなさい。 〈4点×2〉

(1) y を x の式で表しなさい。

〔　　　　　　　　　　　　　〕

(2) 毎分 4 L ずつ水を入れるとすると，満水になるまで何分かかりますか。

〔　　　　　　　〕

8 兄と弟が同時に家を出発し，家から 800m 離れた(はな)プールに行きます。兄は自転車で分速 160m で進み，弟は分速 100m で走っていくとき，次の問いに答えなさい。 〈(1)6点，(2)4点〉

(1) 家を出発してから x 分後の家からの道のりを y m とすると，兄の進むようすは右のグラフのようになります。弟の進むようすを表すグラフをかきなさい。

(2) 兄がプールに着いたとき，弟はプールまであと何 m のところにいますか。

〔　　　　　　　〕

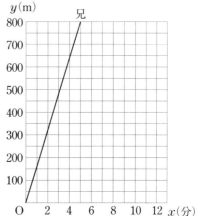

25 直線と角

(1)直線

まっすぐに限りなくのびている線を ＿＿＿＿＿，
直線の一部分で，両端のあるものを ＿＿＿＿＿，
1点を端として一方にだけのびているものを ＿＿＿＿ という。

両端があれば 線分！
1端だけなら 半直線！

A ● ● B   A ● ● B   A ● ● B

直線AB   ＿＿＿ AB   ＿＿＿ AB

1点を通る直線は何本もあるが，
2点を通る直線は ＿＿ 本しかない。

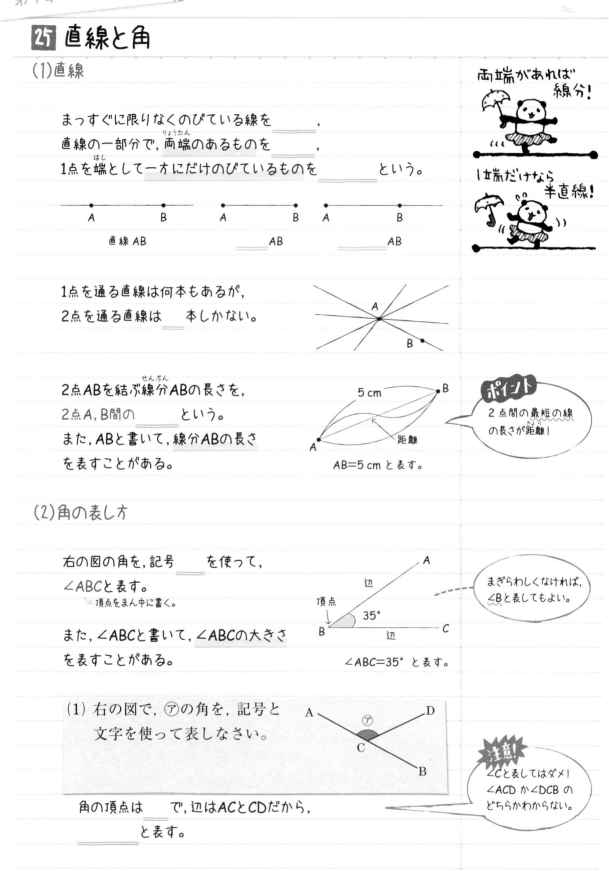

2点ABを結ぶ線分ABの長さを，
2点A，B間の ＿＿＿＿ という。
また，ABと書いて，線分ABの長さ
を表すことがある。

5 cm
距離
AB=5 cm と表す。

ポイント
2点間の最短の線の長さが距離！

(2)角の表し方

右の図の角を，記号 ＿＿ を使って，
∠ABCと表す。
　　　└ 頂点をまん中に書く。

また，∠ABCと書いて，∠ABCの大きさ
を表すことがある。

A
辺
頂点
35°
B 　 辺 　 C
∠ABC=35° と表す。

まぎらわしくなければ，
∠Bと表してもよい。

(1) 右の図で，㋐の角を，記号と
文字を使って表しなさい。

A 　 ㋐ 　 D
C
B

角の頂点は ＿＿ で，辺はACとCDだから，
＿＿＿＿ と表す。

注意！
∠Cと表してはダメ！
∠ACD か∠DCB の
どちらかわからない。

点Cのように，2つの線が交わる点を ＿＿＿＿ という。

(3) 垂直と平行

2直線AB, CDが交わってできる角が直角
であるとき, ABとCDは　　　　であると
いい,

　　AB　　CD　と表す。

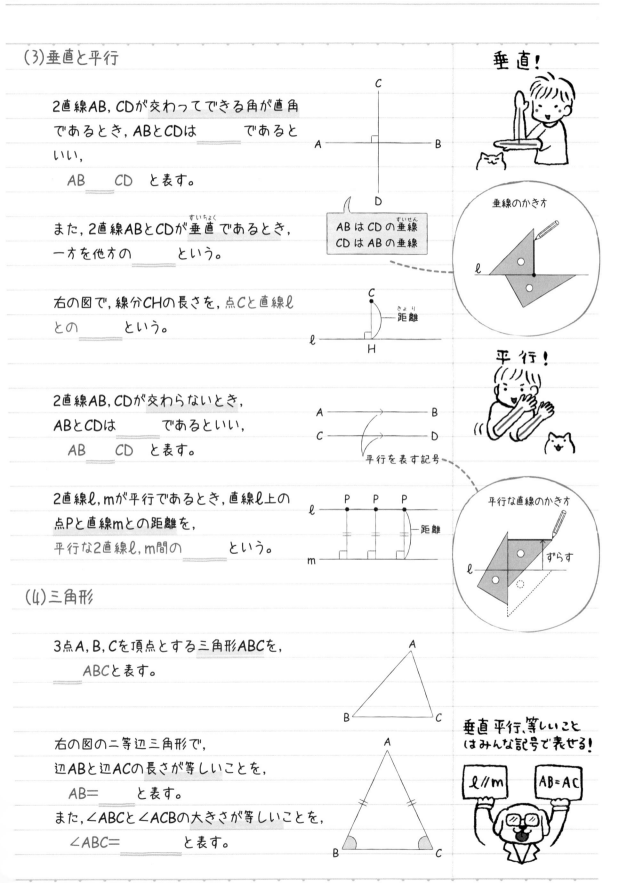

垂直!

AB は CD の垂線
CD は AB の垂線

垂線のかき方

また, 2直線ABとCDが 垂直 であるとき,
一方を他方の　　　　という。

右の図で, 線分CHの長さを, 点Cと直線ℓ
との　　　　という。

きょり
距離

平行!

2直線AB, CDが交わらないとき,
ABとCDは　　　　であるといい,

　　AB　　CD　と表す。

平行を表す記号

2直線ℓ, mが平行であるとき, 直線ℓ上の
点Pと直線mとの距離を,

平行な2直線ℓ, m間の　　　　という。

距離

平行な直線のかき方

ずらす

(4) 三角形

3点A, B, Cを頂点とする三角形ABCを,

　　ABCと表す。

右の図の二等辺三角形で,
辺ABと辺ACの長さが等しいことを,

　　AB＝　　と表す。

また, ∠ABCと∠ACBの大きさが等しいことを,

　　∠ABC＝　　　　と表す。

垂直, 平行, 等しいこと
はみんな記号で表せる!

ℓ//m　　AB=AC

67

26 図形の移動

(1)平行移動

図形を，形や大きさを変えずに他の位置に移すことを　　　　と
いう。
図形を，一定の方向に，一定の　　　　　だけ動かす移動を平行移動
という。

> 形や大きさが変わらない
> から，移動してできた図形
> ともとの図形は合同。

右の図で，△PQRは△ABCを平行
移動したものである。対応する点
を結んだ線分の間には，次の関係
がある。

AP // BQ //
AP＝BQ＝

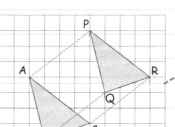

> 合同と同じように，
> 移動によって移った
> 点と，もとの点を
> 対応する点という。

平行移動では，対応する点を結ぶ線分は，　　　　　で，その長さは
　　　　　　。

> 方眼を使わずにかくとき
> は，点A，点B，点Cを通る
> 平行な直線をひき，
> AP＝BQ＝CRとなる
> 点P，点Q，点Rをとって
> かく。

(2)回転移動

図形を，1つの点を中心として，一定の　　　　　だけ回転させる移動
を回転移動という。
このとき，中心とした点を，　　　　　　　という。

> 回転移動！

右の図で，△PQRは△ABCを，点O
を回転の中心として回転移動したも
のである。
図から，次のことがいえる。

OA＝OP，OB＝
OC＝
∠AOP＝∠BOQ＝∠

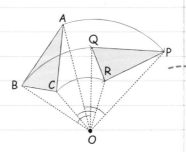

> OA と OP，OB と OQ，
> OC と OR は，それぞれ
> 同じ円の半径だから
> 長さは等しい。

回転移動では，対応する点は，回転の中心から　　　　　距離に
あり，対応する点と回転の中心を結んでできる角はすべて
　　　　　。

右の図で，△PQRは△ABCを，点Oを回転の中心として　　度回転移動したもので，対応する点と回転の中心は，それぞれ1つの直線上にある。

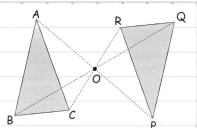

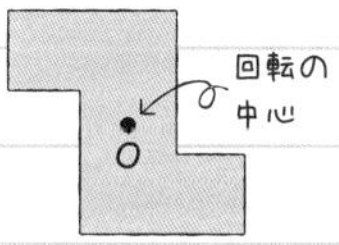

点対称は小学校でも習った！

このように，回転移動の中で，180°の回転移動を，　　　　　　　　　という。

(3)対称移動

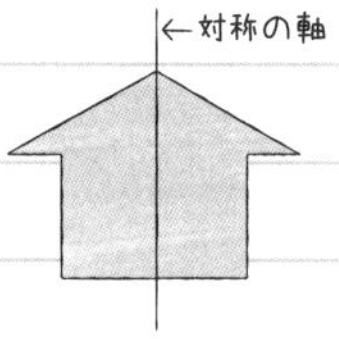

←対称の軸

図形を，1つの直線を折り目として折り返す移動を対称移動という。
このとき，折り目の直線を　　　　　　という。

右の図で，△PQRは△ABCを，直線lを対称の軸として対称移動したものである。図から，次のことがいえる。

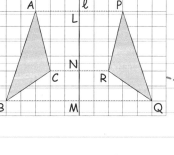

AL＝PL，BM＝　　　　　，
CN＝
AP⊥l，CR　　l，BQ　　l

方眼を使わずにかくときは，
点A，点B，点Cから直線lへ垂線をひき，
AL＝PL，BM＝QM，CN＝RN となる点P，点Q，点Rをとってかく。

対称移動では，対応する点を結ぶ線分は，対称の軸によって，
　　　　に　　等分される。

(4)中点と垂直二等分線

線分の両端からの距離が等しい線分上の点を，その線分の　　　　という。
線分の中点を通り，その線分と垂直に交わる直線を　　　　　　　というという。

←垂直二等分線

A ├──┼──┤ B
中点

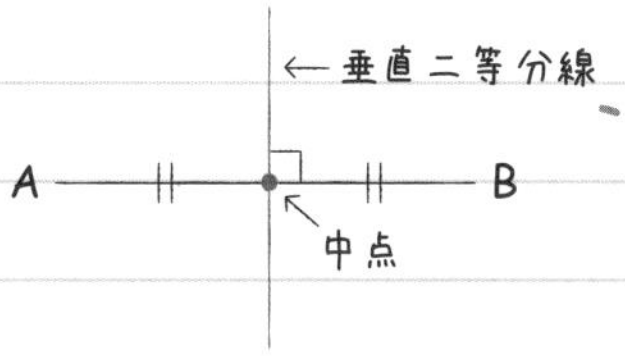

対称移動のときの対称の軸は，対応する点を結ぶ線分の垂直二等分線といえる。

27 図形と作図

(1)垂直二等分線

線分ABの垂直二等分線は、次のようにしてかく。

> 定規とコンパスだけ
> を使って図をかく
> ことを作図という。

垂直二等分線の作図

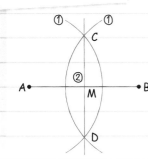

①点A、Bを中心として等しい　　　の
円をかき、その交点をC、Dとする。
②直線CDをひく。

この作図は、　　　Mの作図でもある。
また、2点A、Bから等しい距離(きょり)にある点は、
線分ABの　　　　　　　上にある。

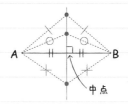

中点

> これ
> ポイント！

(2)角の二等分線

角を2等分する半直線を、その角の　　　　　　という。
∠AOBの二等分線は、次のようにしてかく。

> 注意！
> どのようにしてかいた
> かがわかるように、
> 作図で作った線は
> 残しておく。

角の二等分線の作図

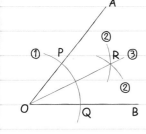

①点Oを中心とする円をかき、角の2辺
との交点をP、Qとする。
②点　　，点　　を中心として、等しい
半径の円をかき、その交点をRとす
る。
③半直線ORをひく。

> ②の半径は、
> 半径OPのままで
> よいが、変えても
> よい。

角の2辺OA、OBから等しい距離にある
点は、角の　　　　　上にある。

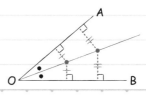

> これ
> ポイント！

(3)垂線

直線ℓ上にない点Pを通る垂線の作図は,次のように2通りある。

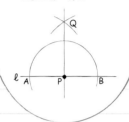

直線上の1点を通る
垂線は,
180°の角の二等分線
と考えて作図できる。
直線ℓ上の点Pを
通る垂線の作図

垂線の作図①

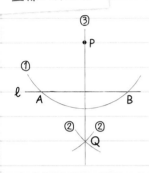

①点Pを中心として,ℓと交わる円を
　かき,ℓとの交点をA,Bとする。
②点____,点____を中心として,等し
　い半径の円をかき,その交点をQと
　する。
③直線PQをひく。

垂線の作図②

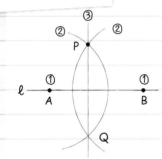

①ℓ上に適当な2点A,Bをとる。
②点Aを中心に,半径____の円をか
　き,点Bを中心に,半径____の円を
　かき,一方の交点をQとする。
③直線PQをひく。

(4)作図の利用

垂直二等分線,
角の二等分線,
垂線の作図を
利用すれば,
いろいろな図形
が作図できる。

〈角の作図〉

正三角形を作図し,角を2等分すれば,
　　　度の角が作図できる。
垂線を作図し,90°の角を2等分すれ
ば,　　　度の角が作図できる。

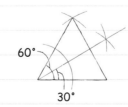

〈三角形の高さの作図〉

底辺上にない頂点を通る,底辺への
　　　　を作図する。

Date ・ ・ No.

28 円とおうぎ形

(1)円の弧と弦

点Oを中心とする円を，円Oという。円周上の2点をA，Bとするとき，AからBまでの円周の部分を＿＿＿といい，$\overset{\frown}{AB}$と書く。
また，円周上の2点を結ぶ線分を＿＿＿といい，両端(りょうたん)がA，Bである弦を，＿＿＿という。

弧(こ)AB
A
B
弦AB
O

円の中心を通る弦は円の直径。

A
O
B

直径ABが半径OAの2倍であることは，
AB＝2OA
と表す。

(2)円と直線

右の図のように，半径に垂直な直線をずらしていくと，円周上の1点だけで円と交わる。

直線が円周上の1点で交わるとき，直線は円に＿＿＿という。
この直線を円の＿＿＿，円と直線が接する点を＿＿＿という。

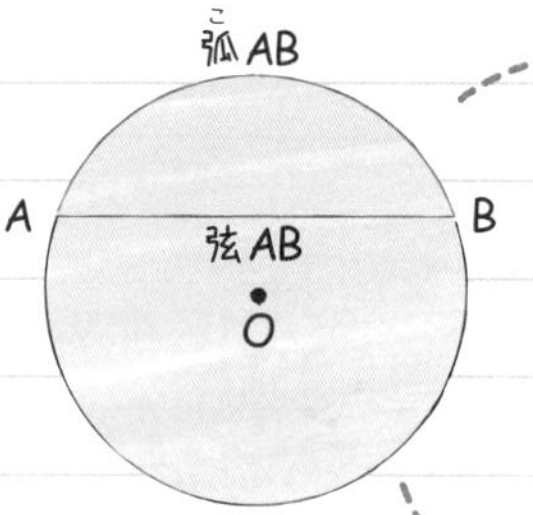

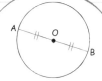

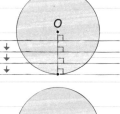

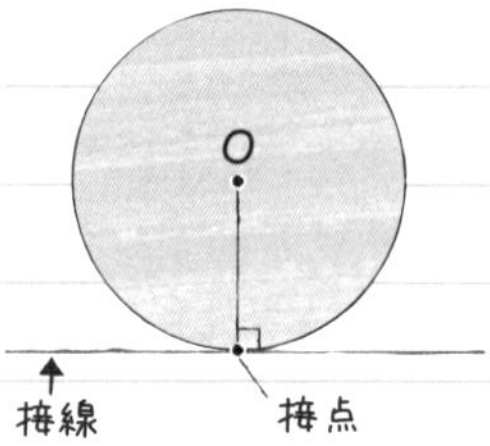

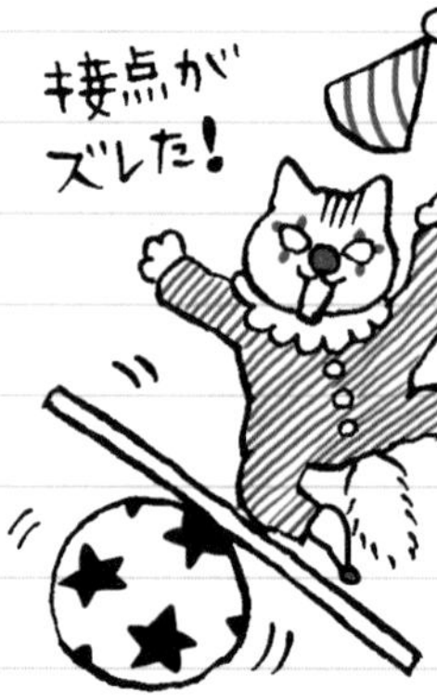

O
接線
接点

接点がズレた！

円の接線(せっせん)は，接点(せってん)を通る半径に＿＿＿である。

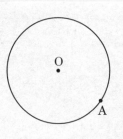

(1) 右の円Oで，点Aが接点となるように，この円の接線を作図しなさい。

O
A

半直線OAをひき，点Aを通る，OAの＿＿＿を作図する。

上の図に作図しましょう。

ポイント
180°の角の二等分線を作図すればよい。

(3) おうぎ形

円の弧の両端を通る2つの半径とその弧
で囲まれた図形を　　　　　という。
また, おうぎ形の2つの半径がつくる角を
　　　　　という。

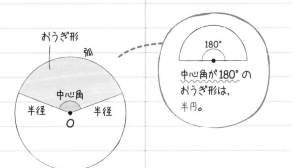

おうぎ形　弧

中心角

半径　半径

O

180°

中心角が180°の
おうぎ形は,
半円。

右の図のように, 中心角の等しい2つのお
うぎ形で, 一方を点Oを中心として回転移
動すると, ぴったり重なる。

　つまり…

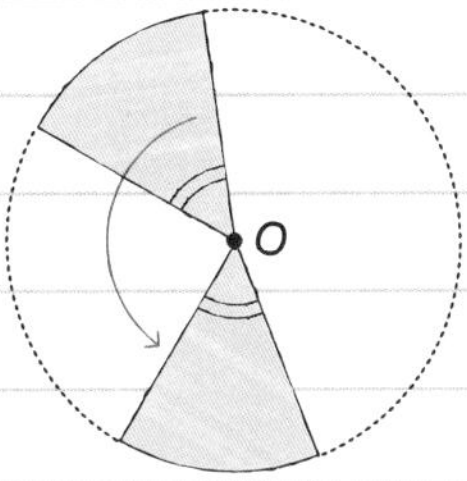

↓

半径と中心角が等しいおうぎ形の弧の長さや面積は　　　　　。

ポイント

2つのおうぎ形は
合同である。

右の図のように, 1つのおうぎ形の中心角
を2倍, 3倍,…にすると, 弧の長さや面積
は, それぞれ,　倍,　倍,…になる。

　つまり…

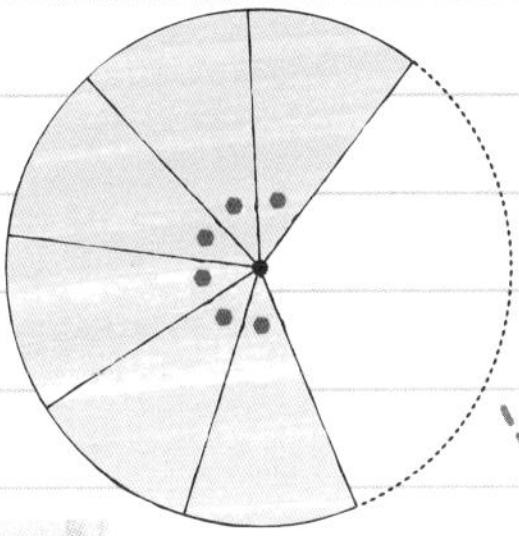

↓

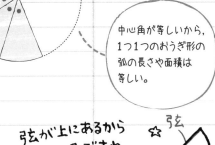

中心角が等しいから,
1つ1つのおうぎ形の
弧の長さや面積は
等しい。

1つの円では,
おうぎ形の弧の長さは, 中心角に　　　する。
おうぎ形の面積は,　　　　　に比例する。

弦が上にあるから
上弦の月ですわ。
中心角は180°
ですわ。

☆ 弦

29 円とおうぎ形の計量

(1)円の周の長さと面積

円周率は＿＿＿＿で表す。

円周率にπ(パイ)を使うと，円の周の長さと面積は，次のように表すことができる。

> 円周率は，
> 円周の直径に対する
> 割合のこと。
> 円周率＝円周／直径

円の周の長さと面積

半径rの円の周の長さをℓ，面積をS
とすると，

円周の長さ　$\ell =$ ＿＿＿＿＿＿
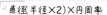
　　　　　　　　　直径(半径×2)×円周率

面積　　　　$S =$ ＿＿＿＿＿＿＿＿
　　　　　　　　　半径×半径×円周率

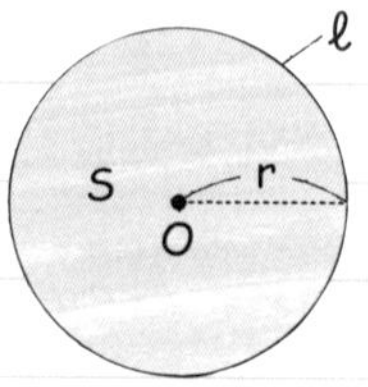

> πの形の
> アップルパイ！

> πは決まった数を
> 表す文字だから，
> 文字式では数と同じ
> ようにあつかい，
> 数のあと，文字の前
> に書く。

> (1) 半径4cmの円の周の長さと面積を求めなさい。

円周の長さは，$2\pi \times$ ＿＿ ＝ ＿＿ (cm)

面積は，　＿＿ × ＿＿ ＝ ＿＿ (cm^2)

(2)おうぎ形の弧の長さと面積

1つの円ではおうぎ形の弧の長さや面積
は，＿＿＿＿＿に比例する。
右の図のように，中心角が60°のおうぎ形
の弧の長さや面積は，同じ半径の円の周の

長さや面積の＿＿＿倍である。

中心角が45°のおうぎ形では，弧の長さや
面積は，同じ半径の円の周の長さや面積の

＿＿＿倍である。

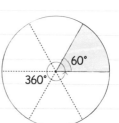

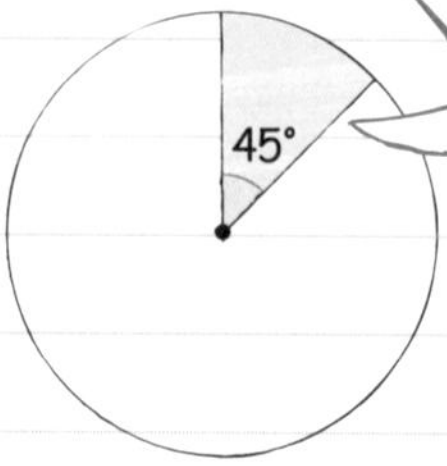

> ポイント
> 半径r cm，中心角a°の
> おうぎ形の弧の長さは，
> 円周の長さ$2\pi r$ cmの
> $\dfrac{a}{360}$倍になり，
> 面積は，円の面積
> πr^2cm^{2}の$\dfrac{a}{360}$倍に
> なるということ。

このことから, 次の公式が成り立つ。

おうぎ形の弧の長さと面積

半径r, 中心角a°のおうぎ形の弧の
長さをℓ, 面積をSとすると,

弧の長さ　$\ell = \underline{} \times \dfrac{a}{360}$

面積　　　$S = \underline{} \times \dfrac{a}{360}$

> おうぎ形の面積は,
> $S = \dfrac{1}{2}\ell r$
> で求めることもできる。

公式　ヒヒ例り式

どっちでも
求められる。

また, 比例式を使って表すと, 次のようにいえる。

半径の等しい円とおうぎ形では,
(おうぎ形の弧の長さ):(円周の長さ)=(中心角):360
(おうぎ形の面積):(円の面積)=(中心角):360

> 比例式を使って解く
> こともできる。
> 弧の長さをx cmと
> すると,
> $x:10\pi=45:360$
> 面積をx cm²とす
> ると,
> $x:25\pi=45:360$

(1) 半径5cm, 中心角45°のおうぎ形の弧の長さと面積
　　を求めなさい。

　　弧の長さは, $2\pi \times \underline{} \times \underline{} = \underline{}$ (cm)

　　面積は, $\pi \times \underline{} \times \underline{} = \underline{}$ (cm²)

> 公式を使って解くこと
> もできる。
> 中心角をx°とすると,
> $\ell = 2\pi r \times \dfrac{x}{360}$
> だから,
> $4\pi = 2\pi \times 6 \times \dfrac{x}{360}$

(2) 半径6cm, 弧の長さが4πcmのおうぎ形の中心角を
　　求めなさい。

　　半径6cmの円の周の長さは, $2\pi \times \underline{} = \underline{}$ (cm)

　　だから, 中心角をx°として比例式に表すと,

　　　$4\pi : \underline{} = x : \underline{}$

　　　　$\underline{} \times x = 4\pi \times \underline{}$

　　　　$x = \underline{}$　　　　　　　　　　答 $\underline{}$

> $a:b=c:d$
> ならば,
> $ad=bc$

確認テスト⑤

/100

●目標時間：30分　●100点満点　●答えは別冊22ページ

1 右の図は，台形 ABCD に対角線をかき，その交点を O とした
ものです。次の問いに答えなさい。 〈4点×3〉

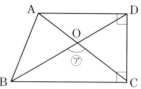

(1) ㋐の角を，記号と文字を使って表しなさい。

〔　　　　　　　　〕

(2) 辺 AD と辺 CD の関係を，記号を使って表しなさい。

〔　　　　　　　　〕

(3) 平行な2辺をみつけて，記号と文字を使って表しなさい。

〔　　　　　　　　〕

2 右の図は，合同な直角二等辺三角形を8個組み合わせたもので
す。次の問いに答えなさい。 〈4点×3〉

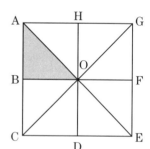

(1) △ABO を平行移動させて重ね合わせることのできる三角形を答
えなさい。

〔　　　　　　　　〕

(2) △ABO を，点 O を中心として時計回りに回転移動させて，
△GHO に重ね合わせるには，何度回転させればよいですか。

〔　　　　　　　　〕

(3) △ABO を対称移動させて重ね合わせることのできる三角形をすべて答えなさい。

〔　　　　　　　　〕

3 右の図の△ABC を，矢印 KL の方向に，KL の長
さだけ平行移動させてできる△PQR をかきなさ
い。 〈8点〉

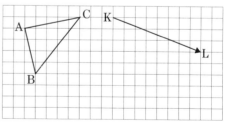

4 右の図の△ABC を，点 O を中心として時計回り
に 90°回転移動させてできる△PQR をかきなさ
い。 〈8点〉

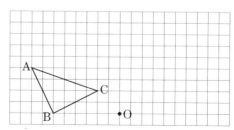

重要

5 右の△ABC で，次の点や直線を，作図によって求めなさい。〈8点×2〉

(1) 辺 BC の中点 M
(2) 辺 BC を底辺とするときの高さ AH

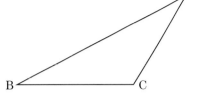

重要

6 右の△ABC で，辺 AB 上にあって，辺 BC，AC までの距離が等しい点 P を，作図によって求めなさい。〈8点〉

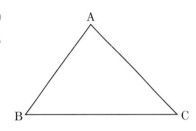

7 右の図の半直線 PA は円 O の接線で，点 A は接点です。∠AOP＝65° のとき，∠APO の大きさを求めなさい。

〈5点〉

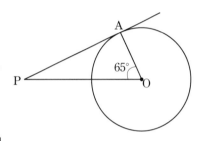

〔　　　　　　　〕

重要

8 右のおうぎ形について，次の問いに答えなさい。ただし，円周率は π とします。〈5点×2〉

(1) 弧の長さを求めなさい。

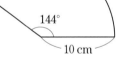

〔　　　　　　　〕

(2) 面積を求めなさい。

〔　　　　　　　〕

9 半径が 6cm，面積が 16π cm² のおうぎ形の中心角の大きさを求めなさい。〈5点〉

〔　　　　　　　〕

10 右の図は，半径 6cm の半円から，直径 6cm の 2 つの半円を切り取ったものです。この図形について，次の問いに答えなさい。ただし，円周率は π とします。〈8点×2〉

(1) 周の長さを求めなさい。

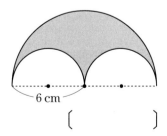

〔　　　　　　　〕

(2) 面積を求めなさい。

〔　　　　　　　〕

30 いろいろな立体

(1)角錐と円錐

右の図で，ア，イのような立体を
_____，ウのような立体を_____，
エのような立体を_____という。

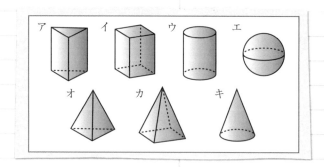

オ，カのような立体を_____，
キのような立体を_____という。

<ruby>角錐<rt>かくすい</rt></ruby>や<ruby>円錐<rt>えんすい</rt></ruby>でも，右の図のよう
に底面と_____がある。
また，図の点Aを，角錐や円錐
の_____という。

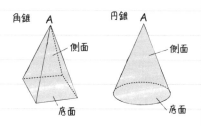

角錐 A   側面   底面
円錐 A   側面   底面

角錐で，底面が三角形，四角形，…のものを，それぞれ，三角錐，
_____，…といい，底面が正三角形，正方形，…で，側面がす
べて合同な二等辺三角形であるものを，それぞれ，正三角錐，
_____，…という。

> 角柱のうち，底面が
> 正三角形，正方形，…
> であるものを，それぞれ，
> 正三角柱，正四角柱，…
> という。

(2)正多面体

平面だけで囲まれた形を_____という。そ
のうち，右の図のように，すべての面が合同な
正多角形で，どの頂点にも面が同じ数だけ集
まっている，へこみのない多面体を
_____という。

<ruby>正多面体<rt>せいためんたい</rt></ruby>は，_____種類しかない。

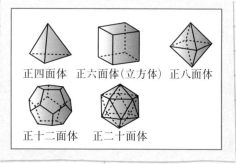

正四面体　正六面体(立方体)　正八面体

正十二面体　正二十面体

	面の形	面の数	辺の数	頂点の数
正四面体	正三角形	4		
正六面体(立方体)	正方形	6		
正八面体		8		
正十二面体		12	30	20
正二十面体		20	30	12

名前の覚え

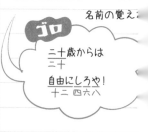

ゴロ

二十歳からは
二十

自由にしろや！
十二 四六八

(3)立体の展開図

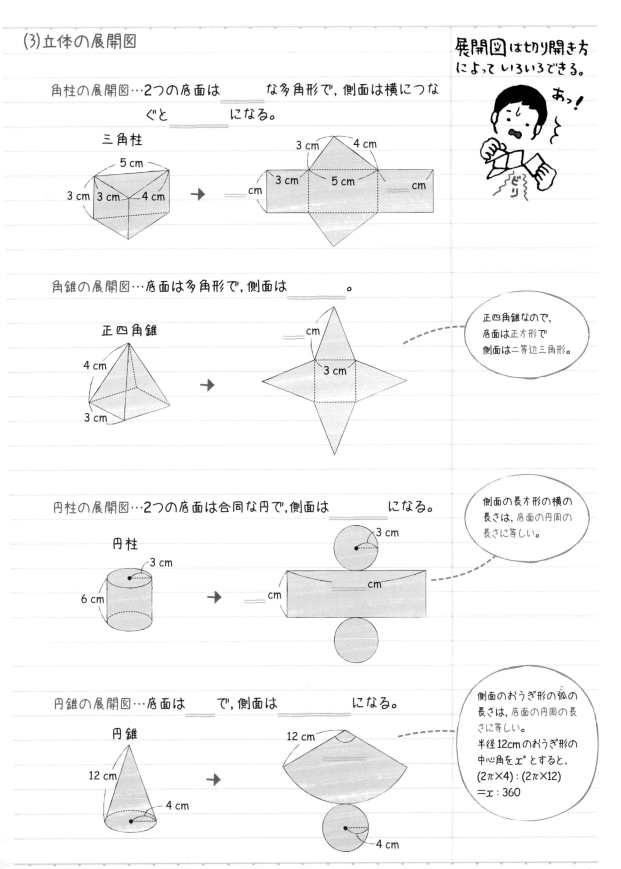

角柱の展開図…2つの底面は＿＿＿＿な多角形で，側面は横につなぐと＿＿＿＿になる。

三角柱

角錐の展開図…底面は多角形で，側面は＿＿＿＿。

正四角錐

正四角錐なので，
底面は正方形で
側面は二等辺三角形。

円柱の展開図…2つの底面は合同な円で，側面は＿＿＿＿になる。

円柱

側面の長方形の横の
長さは，底面の円周の
長さに等しい。

円錐の展開図…底面は＿＿＿で，側面は＿＿＿＿になる。

円錐

側面のおうぎ形の弧の
長さは，底面の円周の長
さに等しい。
半径12cmのおうぎ形の
中心角を$x°$とすると，
$(2\pi×4):(2\pi×12)$
$=x:360$

展開図は切り開き方
によっていろいろできる。
あっ！

79

31 空間内の直線や平面

(1)平面

次のとき, 平面は1つしかない。

①同じ直線上にない　　点を通る平面

②交わる2直線をふくむ平面

③　　　　な2直線をふくむ平面

同じ直線上にない3点　　交わる2直線　　　平行な2直線

平面は, どの方向にも限りなく広がっていると考える。

2点だと平面はいくつもある。

(2)2直線の位置関係

右の直方体で, 辺を直線とみたとき, 直線BFと交わる直線は,
直線BA, 直線BC, 直線　　　,
直線
平行な直線は, 直線AE,
直線　　　, 直線
残りの直線AD, EH, CD, GHは, どちらでもない。

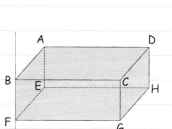

うでも体もねじれ

空間内で, 平行でなく, 交わらない2直線は,
　　　　の位置にあるという。

2直線の位置関係は, 次の3つの場合がある。

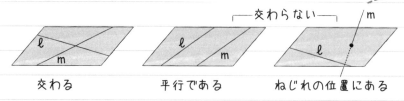

交わる　　　　平行である　　　ねじれの位置にある

2直線が交わるときや平行なときは同じ平面上にあるが, ねじれの位置にあるときは, 同じ平面上にない。

(1) 上の直方体の図で, 直線BCとねじれの位置にある
直線はどれですか。

直線BCと平行でなく, 交わらない直線だから,

直線AE, 直線DH, 直線　　　, 直線

平行な辺と交わる辺を除いた残りの辺といえる。

(3)直線と平面の位置関係

直線と平面の位置関係は, 次の3つの場合がある。

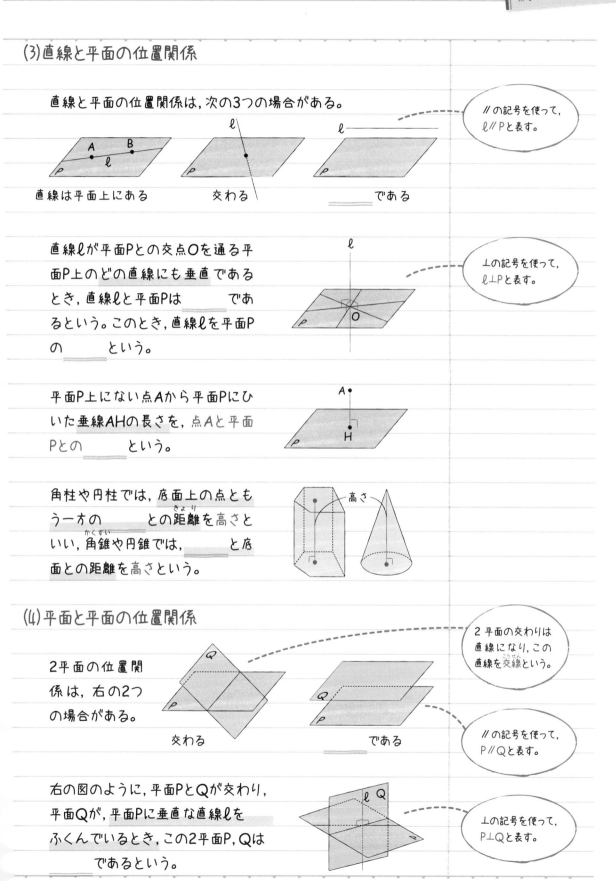

直線は平面上にある　　　　交わる　　　　　　　　　　である

> //の記号を使って,
> ℓ//Pと表す。

直線ℓが平面Pとの交点Oを通る平
面P上のどの直線にも垂直である
とき, 直線ℓと平面Pは　　　であ
るという。このとき, 直線ℓを平面P
の　　　という。

> ⊥の記号を使って,
> ℓ⊥Pと表す。

平面P上にない点Aから平面Pにひ
いた垂線AHの長さを, 点Aと平面
Pとの　　　という。

角柱や円柱では, 底面上の点とも
う一方の　　　との距離を高さと
いい, 角錐や円錐では,　　　と底
面との距離を高さという。

高さ

(4)平面と平面の位置関係

2平面の位置関
係は, 右の2つ
の場合がある。

交わる　　　　　　　　　　である

> 2平面の交わりは
> 直線になり, この
> 直線を交線という。

> //の記号を使って,
> P//Qと表す。

右の図のように, 平面PとQが交わり,
平面Qが, 平面Pに垂直な直線ℓを
ふくんでいるとき, この2平面P, Qは
　　　であるという。

> ⊥の記号を使って,
> P⊥Qと表す。

81

32 立体のいろいろな見方

(1)面を動かしてできる立体

角柱や円柱は, ＿＿＿＿ や ＿＿ を,
それと垂直な方向に, 一定の距離(きょり)だ
け ＿＿＿＿ に動かした立体とみるこ
とができる。
このとき, もとの図形の周が動いて
できた面が立体の ＿＿＿＿ であり,
動いた距離が ＿＿＿＿ である。

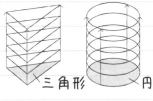

三角形　　円
円柱

1円玉を積むと
1円柱!

(2)回転体

長方形を1辺を軸(じく)として1回転させると ＿＿＿＿ が,
直角三角形を直角をはさむ1辺を軸として1回転させ
ると ＿＿＿ が, ＿＿＿ を直径を軸として1回転させる
と球ができる。

このように, 円柱, 円錐(えんすい), 球などは, 平面図形をその平
面上の直線を軸として1回転させてできる立体とみる
ことができる。
このような立体を ＿＿＿＿ という。

このとき, 円柱や円錐の側面をつくる線分を, 円柱や
円錐の ＿＿＿ という。

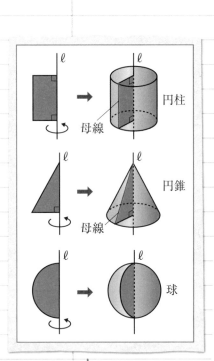

ℓ　　ℓ
→　円柱
母線

ℓ　　ℓ
→　円錐
母線

ℓ　　ℓ
→　球

回転させるとき,
軸とした直線を
回転の軸という。

(1) 右の図形を, 直線ℓを軸として1回
転させてできる立体の見取図をか
きなさい。

ℓ

直角三角形と長方形を合わせた形と
みると, ＿＿＿ と ＿＿＿ の底面を合
わせた立体ができる。

✎見取図を完成させましょう。

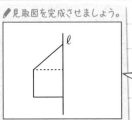
ℓ

ポイント
回転体(かいてんたい)の基本形は
円柱, 円錐, 球。

(3)立体の投影図

立体を表すとき，見取図や展開図の
ほかに，正面と真上から見た図を組
み合わせた図で表すことがある。

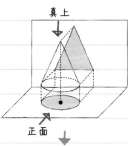

真上

正面

立体を　　　　から見た図を立面図，
　　　　から見た図を平面図といい，
立面図と平面図を組み合わせて表
した図を　　　　という。

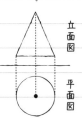

立面図

平面図

投影図では，実際に見える線は実線で，見えない線は　　　　でか
く。

(1) 下の投影図は，三角錐，四角錐，円錐，三角柱，
　　四角柱のどれを表したものですか。

①

②
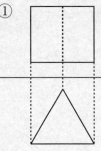

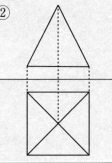

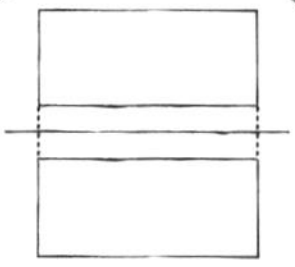

立面図と平面図が上
の図のように合同な
長方形になるとき，
この立体は，直方体，
三角柱，円柱のどれ
かわからない。
このようなときは，
横から見た図を加え
て表すことがある。

①立面図が長方形だから，　　　　か四角柱である。
　平面図が三角形だから，　　　　とわかる。
②立面図が三角形だから，　　　　か　　　　，
　または　　　　である。
　平面図が四角形だから，　　　　とわかる。

83

33 立体の表面積と体積①

(1)表面積

立体のすべての面の面積の和を　　　　　といい, 展開図の面積
と等しくなる。
また, 側面全体の面積を　　　　　, 1つの底面の面積を
という。

(2)角柱の表面積

右の三角柱の表面積を求めると,
次のようになる。
側面積は,
　　　　×(3+5+4)＝36(cm²)
底面積は,
$\frac{1}{2}$×3×　　　＝6(cm²)

底面は2つあるから,
表面積は,
36+6×　　＝48(cm²)

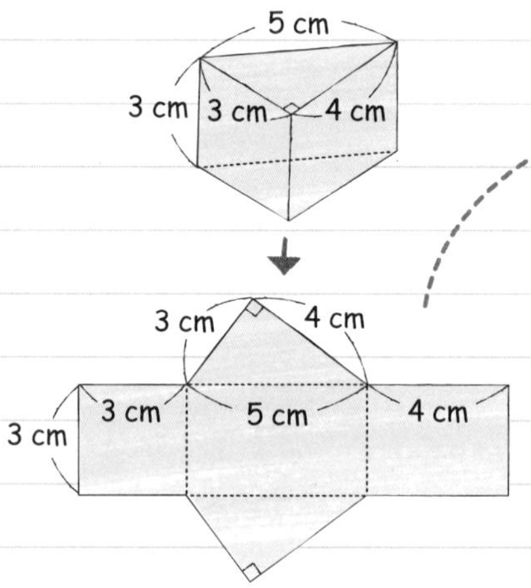

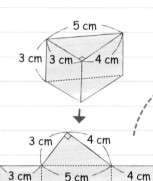

側面の展開図は
長方形になる。
この長方形の縦の長さは, 三角柱の高さ,
横の長さは, 底面の
周の長さになる。

ポイント

角柱・円柱の表面積は,
側面積＋底面積×2
で求められる。

(3)円柱の表面積

右の円柱の表面積を求めると,
次のようになる。
側面積は,
　　　　×(2π×　　)＝36π(cm²)
　　　底面の円周の長さ

底面積は,
π×　　＝9π(cm²)
底面は2つあるから,
表面積は,
36π＋　　　＝　　　(cm²)

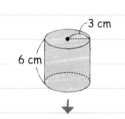

底面の円周
に等しい。

円柱の表面積 S は, 底面
の半径を r, 高さを h とすると,
$S＝2πrh+2πr^2$
　　側面積 底面積×2
と表せる。

(4)角錐の表面積

右の正四角錐の表面積を求めると,
次のようになる。

側面積は,

$$\left(\frac{1}{2}\times4\times5\right)\times\underline{}=40(\text{cm}^2)$$

<u>1つの側面の面積</u>

底面積は,

$$=16(\text{cm}^2)$$

したがって,表面積は,

$$\underline{}+\underline{}=\underline{}(\text{cm}^2)$$

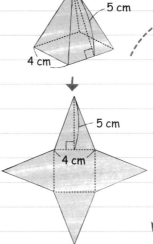

正四角錐では,4つ
の側面は合同な二
等辺三角形で,底面
は正方形。

> **ポイント**
>
> 角錐・円錐の表面積は,
> 側面積＋底面積
> で求められる。

(5)円錐の表面積

右の円錐の表面積を求めると,
次のようになる。
側面のおうぎ形の中心角を$x°$と
すると,

$$(2\pi\times4):(2\pi\times\underline{})=x:360$$

これを解くと, $x=120$

これより, 側面積は,

$$\pi\times\underline{}\times\frac{120}{360}=48\pi(\text{cm}^2)$$

底面積は,

$$\pi\times\underline{}=16\pi(\text{cm}^2)$$

したがって, 表面積は,

$$\underline{}+\underline{}=\underline{}(\text{cm}^2)$$

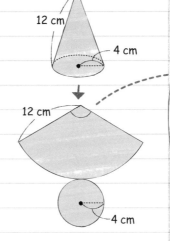

中心角は,弧の長さを
求める公式を使っても
求められる。
中心角を$x°$とすると,
$$\ell=2\pi r\times\frac{x}{360}$$
だから,
$$2\pi\times4=2\pi\times12\times\frac{x}{360}$$
$$x=120$$
中心角の求め方は,
ほかにもいろいろある。

側面積は,
　(おうぎ形の面積):(円の面積)
　＝(おうぎ形の弧の長さ):(円の周の長さ)
を利用しても求められる。
側面積を$S\text{cm}^2$とすると,
$$S:(\pi\times12^2)=\underline{(2\pi\times4)}:(2\pi\times12)$$
底面の円周の長さ
これを解いて, $S=48\pi(\text{cm}^2)$
側面積の求め方は, ほかにもいろいろある。

円錐の側面積は
底面積とは
いかない!

34 立体の表面積と体積②

(1)角柱,円柱の体積

角柱や円柱の体積は,小学校で学習したように,

底面積×＿＿＿＿

で求められる。

S, V, h, rは,英語の
頭文字をとったもの。
底面積(面積)
　…Square measure
体積…Volume
高さ…height
半径…radius

角柱・円柱の体積

角柱,円柱の底面積をS,高さをh,体積をVとすると,

V=＿＿＿

円柱の場合,底面の円の半径
をrとすると,

V=＿＿＿ h
　　＿
　　底面積

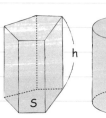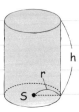

(1) 底面の半径が5cmで,高さが12cmの円柱の体積を求
めなさい。

底面積は,π×＿＿＿ ＝ ＿＿＿ (cm²)
したがって,体積は, ＿＿＿ × ＿＿＿ ＝ ＿＿＿ (cm³)

(2)角錐,円錐の体積

角錐や円錐の体積は,底面が合同で,高さが等しい

角柱や円柱の体積の ＿＿ になる。

角錐・円錐の体積

角錐,円錐の底面積をS,高さをh,体積をVとすると,

$V=\dfrac{1}{3}$ ＿＿＿

円錐の場合,底面の円の半径
をrとすると,

$V=\dfrac{1}{3}$ ＿＿＿

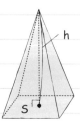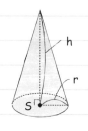

(1) 右の図形を, 直線ℓを軸として
1回転させてできる立体の体積
を求めなさい。

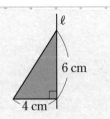

6 cm
4 cm

1回転させると, 右の図のような
　　　ができる。
したがって, 体積は,

$\frac{1}{3}\pi\times\underline{\quad}\times\underline{\quad}=\underline{\quad}$ (cm³)

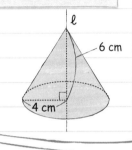

ℓ
6 cm
4 cm

注意!
$\frac{1}{3}$をかけ忘れないように注意!

(3)球の体積と表面積

球の体積は, その球がちょうど入る

円柱の体積の　　になる。

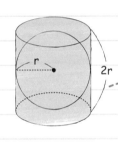

r　2r

円柱の展開図

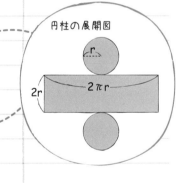

r
2r　2πr

また, 球の表面積は, その球がちょ
うど入る円柱の側面積に等しい。
球の半径をrとすると, 円柱の側面積(長方形の面積)は,

$2r\times\underline{\quad}=$

長方形の縦　　長方形の横(底面の円周)

球の体積と表面積

球の体積をV, 表面積をS, 半径をrとすると,

体積　　$V=\frac{4}{3}\underline{\quad}$

表面積　$S=\underline{\quad}$

r

公式の覚え方

体積
$\frac{身の上に心}{\frac{4}{3}}\frac{配あるから}{\pi\ r}$
$\frac{参上せよ}{3乗}$
表面積
$\frac{心配ある事情}{4\pi\ r\ 2乗}$

(1) 半径3cmの球の体積と表面積を求めなさい。

体積は, $\frac{4}{3}\pi\times\underline{\quad}=\underline{\quad}$ (cm³)

表面積は, $4\pi\times\underline{\quad}=\underline{\quad}$ (cm²)

確認テスト⑥

●目標時間：３０分　●100点満点　●答えは別冊 22 ページ

1 下の図の立体について，次の問いに答えなさい。　　　　　　　　　　　　　　〈3点×8〉

ア　　　　　　　イ　　　　　　　ウ　　　　　　　エ　　　　　　　オ

(1) それぞれの立体の名称を，次から選んで答えなさい。

〔四角柱　　円錐（えんすい）　　三角柱　　四角錐　　円柱　　三角錐　　五角柱〕

ア〔　　　　　　　〕イ〔　　　　　　　〕ウ〔　　　　　　　〕
エ〔　　　　　　　〕オ〔　　　　　　　〕

(2) 多面体をすべて選んで，記号で答えなさい。

〔　　　　　　　　　　　　　〕

(3) 回転体とみることができる立体をすべて選んで，記号で答えなさい。

〔　　　　　　　　　　　　　〕

(4) 多角形や円を，それと垂直な方向に一定の距離（きょり）だけ動かした立体とみることができるものをすべて選んで，記号で答えなさい。

〔　　　　　　　　　　　　　〕

2 次の(1)，(2)にあてはまる正多面体の名称をすべて答えなさい。　　　　　　〈3点×2〉

(1) 面が正三角形である正多面体

〔　　　　　　　　　　　　　〕

(2) 頂点の数がいちばん多い正多面体

〔　　　　　　　　　　　　　〕

重要

3 右の図は，∠BAC＝90°の三角柱です。次の(1)〜(4)にあてはまるものをすべて答えなさい。　　〈4点×4〉

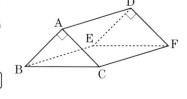

(1) 直線 AD と平行な直線

〔　　　　　　　　　　　　　〕

(2) 直線 AD とねじれの位置にある直線

〔　　　　　　　　　　　　　〕

(3) 平面 ABED に垂直な直線

〔　　　　　　　　　　　　　〕

(4) 平面 ABC に垂直な平面

〔　　　　　　　　　　　　　〕

4 次の図のうち，円柱の投影図として考えられないものを選んで，記号で答えなさい。〈5点〉

ア　　　　　　　　　イ 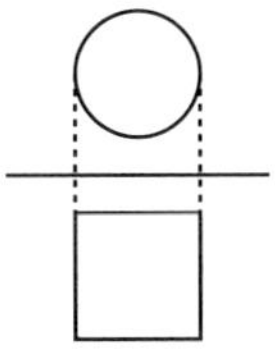　　　　　　　　ウ 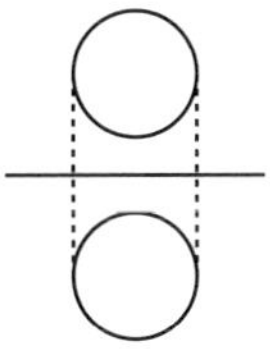　　　　　　　　エ

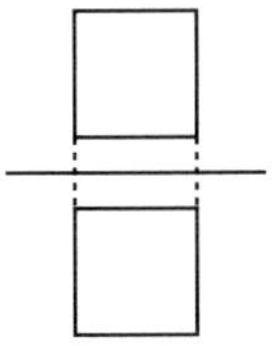

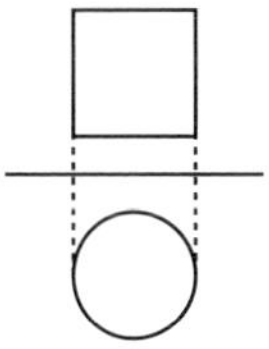

〔　　　　　　〕

重要

5 次の立体の表面積と体積を求めなさい。ただし，円周率は π とします。　　〈5点×8〉

(1) 5 cm　5 cm　6 cm　4 cm　7 cm

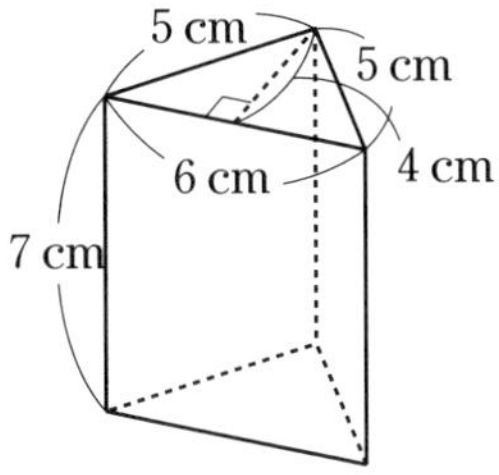

(2) 4 cm　10 cm

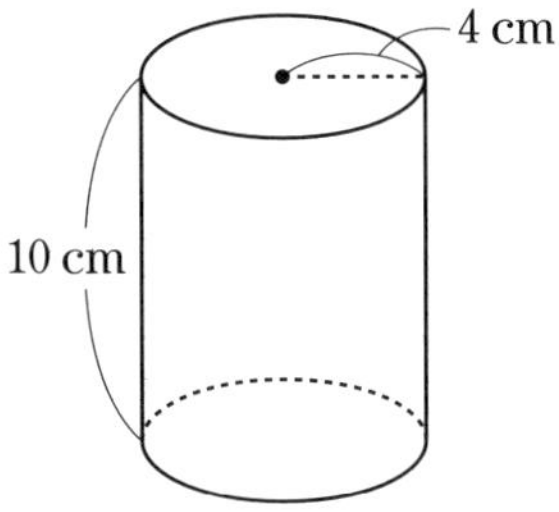

表面積〔　　　　　〕　　　　　　表面積〔　　　　　〕
体積　〔　　　　　〕　　　　　　体積　〔　　　　　〕

(3) 15 cm　12 cm　9 cm

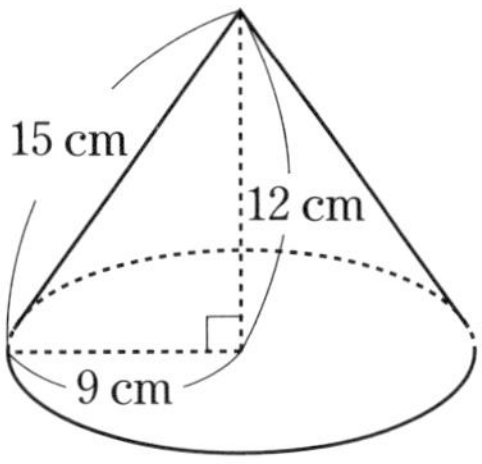

(4) 6 cm　半球

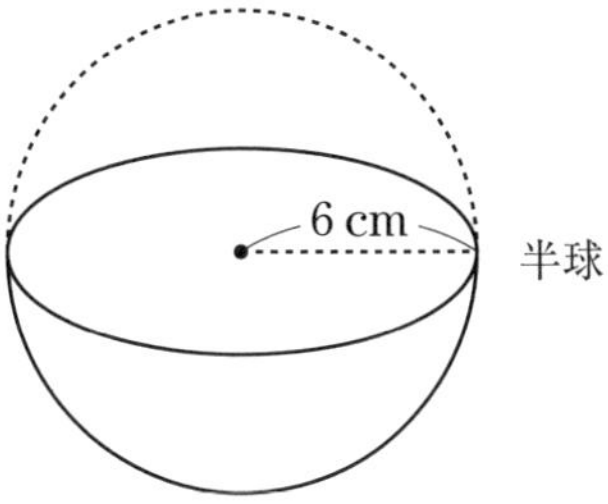

表面積〔　　　　　〕　　　　　　表面積〔　　　　　〕
体積　〔　　　　　〕　　　　　　体積　〔　　　　　〕

重要

6 右の図のような四角形 ABCD を，辺 DC を通る直線 ℓ を軸として1回転させてできる立体の体積を求めなさい。ただし，円周率は π とします。　　〈9点〉

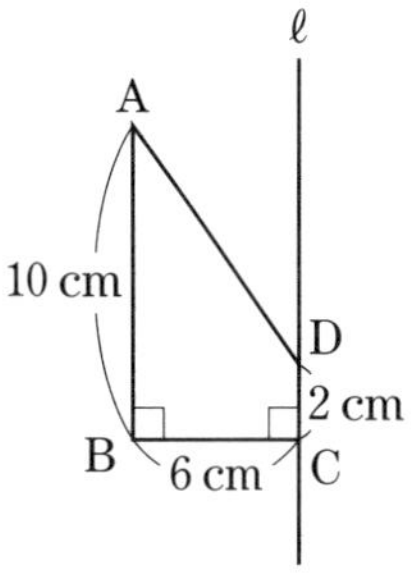

ℓ
A
10 cm
D
2 cm
B　6 cm　C

〔　　　　　　〕

3 度数分布表とヒストグラム

(1)度数分布表

データの散らばりのようすを分布といい, 右のように, データをいくつかの区間に分けて, データの分布のようすを整理した表を＿＿＿＿＿＿という。

データを整理するための区間を＿＿＿＿,
区間の幅を＿＿＿＿＿,
各階級に入るデータの個数を＿＿＿＿＿という。

→ 右の度数分布表で,

階級の幅は＿＿分。

度数が最も多い階級は, ＿＿分以上＿＿分未満の階級で,

その度数は, ＿＿人。

通学時間

時間(分)	度数(人)
以上 未満 0〜 5	2
5〜10	5
10〜15	10
15〜20	7
20〜25	4
25〜30	2
合 計	30

注意

表をかくときは,
各階級の度数の和が,
度数の合計と一致し
しているか要確認。

(2)累積度数

各階級について, 最初の階級からある階級までの度数の合計を＿＿＿＿＿＿という。
右のように, 度数分布表に累積度数を加えることもある。

→ 右の度数分布表で,

5分以上10分未満の階級の累積度数は,

2+5=＿＿(人)

10分以上15分未満の階級の累積度数は,

2+5+10=＿＿(人)

または, 直前の5分以上10分未満の階級

の累積度数に, 10分以上15分未満の階級の度数をたして,

＿＿ + ＿＿ = ＿＿(人)

同様に, 以降の階級の累積度数を求めると,

15分以上20分未満の階級の累積度数は, ＿＿人。

20分以上25分未満の階級の累積度数は, ＿＿人。

25分以上30分未満の階級の累積度数は, ＿＿人。度数の合計と同じ。

通学時間

時間(分)	度数(人)	累積度数(人)
以上 未満 0〜 5	2	②↘
5〜10	⑤→	7
10〜15	10	
15〜20	7	
20〜25	4	
25〜30	2	
合 計	30	

通学時間が 15 分以上
20 分未満の階級の累
積度数は, 通学時間が
20 分未満の人数。

(3)ヒストグラム

データの分布のようすは, 度数分布表をグラフ
に表すと, よりわかりやすくなる。

階級の幅を横, 度数を縦とする長方形を並べ
て, 左ページの度数分布表をグラフに表すと, 右
のようになる。
このようなグラフを　　　　　　　　　　　,
または柱状グラフという。

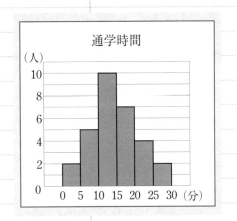

ヒストグラムでは, それぞれの長方形の面積は,
度数に比例する。

ヒストグラムの利点
・データの分布のようすがひと目でわかる。

(4)度数折れ線

右のように, ヒストグラムの各長方形の上の辺
の中点を, 順に線分で結んでできる折れ線を,
　　　　　　　　, または度数分布多角形という。

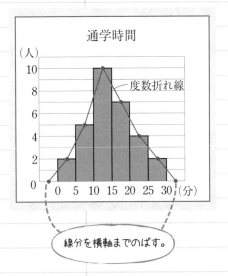

度数折れ線の両端は, 度数0の階級があるもの
と考えて, 線分を横軸までのばす。

度数折れ線の利点
・度数折れ線に表すと, 複数のデータを重ねて表
　すことができ, 比べやすくなる。

データをヒストグラムや度数折れ線に表すと,
全体の形や左右の広がりぐあい, 対称形であるかどうか,
山の頂上の位置, 全体から外れた値などがとらえやすくなる。

36 代表値と相対度数

(1)代表値と範囲

平均値, 中央値, 最頻値のように,
（へいきんち ちゅうおうち さいひんち）
データの値全体を代表する値を ＿＿＿ という。
（あたい）

＿＿＿…個々のデータの合計をデータの総数でわった値。

度数分布表を利用した平均値は,

$$平均値 = \frac{（階級値×度数）の合計}{度数の合計}$$
（かいきゅうち）

> 度数分布表で,
> 各階級の真ん中の
> 値を階級値という。
> 右ページの表で,
> 10分以上15分未満
> の階級の階級値は,
> $\frac{10+15}{2} = 12.5$（分）

＿＿＿…データの値を大きさの順に並べたときの中央の値。

メジアンともいう。

度数分布表では, 中央値が入る階級の階級値。

注意!

> 度数分布表では,
> それぞれ階級値
> を使って考える。

＿＿＿…データの中で, 最も多く現れる値。

モードともいう。

度数分布表では, 度数の最も多い階級の階級値。

データの中で, 最大値から最小値をひいた差を ＿＿＿,
またはレンジという。

この電子レンジのレンジ
は10分!

チン!

| ある8人のテストの得点が,
| 3点, 5点, 5点, 5点, 6点, 7点, 8点, 9点のとき,

(1) 平均値

→ $\frac{3+5+5+5+6+7+8+9}{8} = $ ＿＿（点）

(2) 中央値

→ 中央の4番目と5番目の値の平均を求めて,

$\frac{5+6}{2} = $ ＿＿（点）

ポイント

> データが偶数個の
> ときは, 中央に並ぶ
> 2つの値の平均を
> とる。
> （ぐうすう）

(3) 最頻値

→ 最も多く現れる値だから, ＿＿点。

(4) 範囲

→ ＿＿ － ＿＿ ＝ ＿＿（点）

(2)相対度数と累積相対度数

各階級の度数の, 全体に対する割合を,
その階級の　　　　　　　という。

そうたい ど すう
相対度数 $= \dfrac{\text{その階級の度数}}{\text{度数の合計}}$

→ 右の表で, 10分以上15分未満の階級
の相対度数を, 四捨五入して小数第
2位まで求めると,

$\quad$ ÷ $\quad$ =0.333…より,

通学時間

時間(分)	人数(人)
以上　未満	
0〜 5	2
5〜10	5
10〜15	10
15〜20	7
20〜25	4
25〜30	2
合　計	30

注意!

相対度数の合計は 1
になるが, 各階級の
相対度数を四捨五入
して求めると, その合
計が 1 にならない場
合がある。
その場合も相対度数
の合計は1とする。

また, 最初の階級からその階級までの相対
度数を合計したものを, その階級の　　　　　　　という。
るいせきそうたい ど すう
累積相対度数は, 次の式で求めることもできる。

$\quad$ 累積相対度数 $= \dfrac{\text{その階級の累積度数}}{\text{度数の合計}}$

→ 上の表で, 10分以上15分未満の階級の累積相対度数を,
四捨五入して小数第2位まで求めると,

$\quad$ ($\quad$ + $\quad$ + $\quad$)÷ $\quad$ =0.566…より,

ポイント

相対度数や累積相対
度数を利用すると,
全体の度数が異なる
データを比較するこ
とができる。

(3)相対度数と確率

結果が偶然に左右される実験や観察を行うとき,
ぐうぜん
あることがらが起こると期待される程度を数で表したものを,
そのことがらの起こる　　　　　　　という。
かくりつ
確率がpであるということは, 同じ実験や観察を多数回くり返す
と, そのことがらの起こる相対度数がpに限りなく近づくというこ
とである。

右の表は, さいころを1個投げて, 1の目が出た
回数を調べたものである。この実験から, 1の
目が出る確率を, 小数第2位まで求めなさい。

投げた回数	100	500	1000
1の目が出た回数	18	81	169

→ 投げた回数が最も多い1000回のときの相対度数を求めて,

$\quad$ ÷ $\quad$ =0.169より,

小数第3位を四捨五入。

93

確認テスト⑦

●目標時間：30分 ●100点満点 ●答えは別冊73ページ

重要

1 右の表は，ある中学校の1年女子について，50m走の記録を調べ，度数分布表に表したものです。次の問いに答えなさい。

《(1)〜(4)4点×4，(5)(6)8点×2》

記録（秒）	度数（人）
以上　　未満 7.5 〜 8.0	1
8.0 〜 8.5	3
8.5 〜 9.0	7
9.0 〜 9.5	10
9.5 〜 10.0	8
10.0 〜 10.5	5
10.5 〜 11.0	4
11.0 〜 11.5	2
合計	40

(1) 階級の幅を答えなさい。

〔　　　　　　　〕

(2) 記録が9.0秒の生徒は，どの階級に入りますか。

〔　　　　　　　〕

(3) 記録が9.0秒以上9.5秒未満の階級の累積度数を求めなさい。

〔　　　　　　　〕

(4) 記録が10.0秒以上10.5秒未満の階級の相対度数を求めなさい。

〔　　　　　　　〕

(5) この度数分布表をもとに，右にヒストグラムをかきなさい。

(6) (5)のヒストグラムをもとに，度数折れ線（度数分布多角形）をかきなさい。

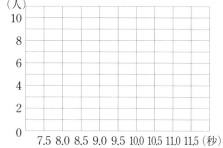

2 下の表は，ある中学校の1年1組について，睡眠時間を調べ，度数分布表に表したものです。次の問いに答えなさい。

《(1)2点×6，(2)6点》

睡眠時間（時間）	階級値（時間）	度数（人）	階級値×度数
以上　未満 5 〜 6	㋐	2	㋒
6 〜 7	㋑	6	㋓
7 〜 8	7.5	10	㋔
8 〜 9	8.5	8	68
9 〜 10	9.5	4	38
合計		30	㋕

(1) 表の㋐〜㋕にあてはまる数を答えなさい。

㋐〔　　　　〕 ㋑〔　　　　〕 ㋒〔　　　　〕
㋓〔　　　　〕 ㋔〔　　　　〕 ㋕〔　　　　〕

(2) 平均値を求めなさい。

〔　　　　　　　〕

3 下のデータは，ある中学校の生徒 14 人の計算テストの得点を示したものです。次の問いに答えなさい。 〈5点×4〉

5, 7, 9, 8, 3, 8, 9, 10, 6, 4, 7, 8, 6, 8 （点）

(1) 得点の範囲を求めなさい。

〔　　　　　〕

(2) 平均値を求めなさい。

〔　　　　　〕

(3) 中央値を求めなさい。

〔　　　　　〕

(4) 最頻値を求めなさい。

〔　　　　　〕

4 下の A ～ C のヒストグラムについて，次の問いに記号で答えなさい。 〈5点×4〉

A 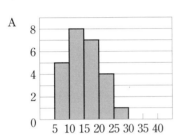　B 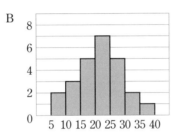　C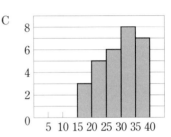

(1) 範囲がいちばん大きいものはどれですか。

〔　　　　〕

(2) 度数の合計がいちばん大きいものはどれですか。

〔　　　　〕

(3) 平均値がいちばん小さいものはどれですか。

〔　　　　〕

(4) 平均値と中央値と最頻値がほぼ同じ値になるものはどれですか。

〔　　　　〕

5 右の表は，2 枚の硬貨を同時に投げる実験をくり返したとき，表と裏の出方を調べたものです。次の問いに答えなさい。 〈5点×2〉

投げた回数	100	500	1000	2000
2枚とも表	23	120	246	503
1枚は表，1枚は裏	48	261	506	998
2枚とも裏	29	119	248	499

(1) この実験から，2 枚とも表が出る確率を，小数第 2 位まで求めなさい。

〔　　　　　〕

(2) コインを 10000 回投げると，2 枚とも表が出るのは何回と考えられますか。(1)で求めた値を利用して求めなさい。

〔　　　　　〕

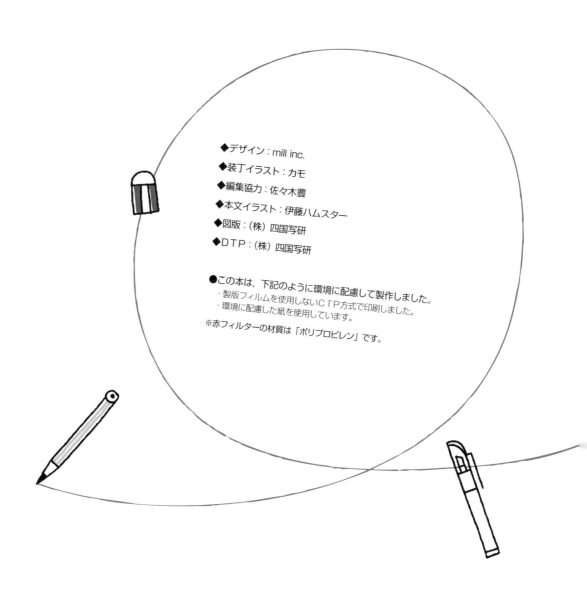

◆デザイン：mill inc.
◆装丁イラスト：カモ
◆編集協力：佐々木豊
◆本文イラスト：伊藤ハムスター
◆図版：(株) 四国写研
◆ＤＴＰ：(株) 四国写研

●この本は，下記のように環境に配慮して製作しました。
・製版フィルムを使用しないＣＴＰ方式で印刷しました。
・環境に配慮した紙を使用しています。
※赤フィルターの材質は「ポリプロピレン」です。

テスト前に
まとめるノート改訂版
中1数学

別冊解答

テスト前に まとめるノート 中1数学

本冊のノートの
答え合わせに

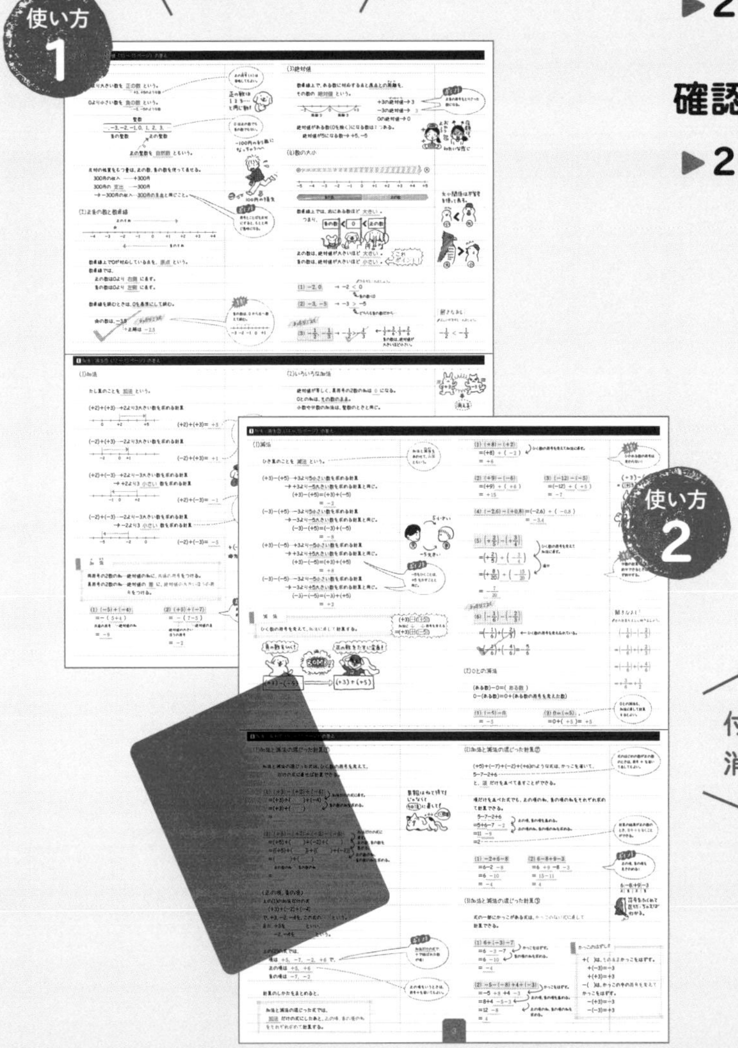

使い方 ①

ノートページの答え
▶ 2〜19 ページ

確認テスト❶〜❼の答え
▶ 20〜23 ページ

使い方 ②

付属の赤フィルターで
消して, おさらいもできる!

Gakken

(1)正負の数

0より大きい数を 正の数 という。
+3, +5のような数

0より小さい数を 負の数 という。
−3, −5のような数

整数
…, −3, −2, −1, 0, 1, 2, 3, …
負の整数　　　正の整数

正の整数を 自然数 ともいう。

反対の性質をもつ量は，正の数，負の数を使って表せる。
300円の収入 ……+300円
300円の 支出 …−300円
→ −300円の収入…300円の支出と同じこと。

> 正の符号（+）は省略してもよい。

> 正の数は
> 1 2 3 ……
> と同じ数！

> 0は正の数でも負の数でもない。

> −100円の利益になっちゃう〜〜
> 100円の損失

> **ポイント**
> 符号とことばを反対にすると，もとと同じ意味になる。

(2)正負の数と数直線

正の方向 →

−4 −3 −2 −1 0 +1 +2 +3 +4
← 負の方向

数直線上で0が対応している点を，原点 という。
数直線では，
正の数は0より 右側 に表す。
負の数は0より 左側 に表す。

数直線を読むときは，0を基準にして読む。

★の数は，−3.5 **うっかりミス⚡**
→正解は −2.5

> **注意！**
> 負の数は，0から左へ数えて読む。
> −3 −2 −1 0 +1

(3)絶対値

数直線上で，ある数に対応する点と原点との距離を，その数の 絶対値 という。

距離3　距離3
−3 ……… 0 ……… +3

+3の絶対値→ 3
−3の絶対値→ 3
0の絶対値→0

絶対値がある数（0を除く）になる数は 2つある。
絶対値が5になる数→ +5, −5

> **ポイント**
> 正負の符号をとった数になる。

> 宿題はおやつとみたいな感じ

(4)数の大小

(小) ———————————————————————— (大)
−5 −4 −3 −2 −1 +1 +2 +3 +4 +5
負の数　　　　　　　　正の数

数直線上では，右にある数ほど 大きい。

つまり， 負の数 < 0 < 正の数

正の数は，絶対値が大きいほど 大きい。
負の数は，絶対値が大きいほど 小さい。 ← これポイント！

> 大小関係は不等号を使って表す。
> < （小）
> > （大）

(1) −2, 0　→ −2 < 0
　　　↑負の数<0

(2) −3, −5　→ −3 > −5
　　　↑どちらも負の数だから…

うっかりミス⚡
(3) $-\dfrac{1}{2}$, $-\dfrac{1}{3}$　→ $-\dfrac{1}{2} > -\dfrac{1}{3}$　← $\dfrac{1}{2}=\dfrac{3}{6}$, $\dfrac{1}{3}=\dfrac{2}{6}$
　　　　　　　　　　　　　　　　　　負の数は，絶対値が大きいほど小さい。

> **解きなおし**
> 正しい不等号を入れよう。
> $-\dfrac{1}{2} < -\dfrac{1}{3}$

---

(1)加法

たし算のことを 加法 という。

$(+2)+(+3)$…+2より3大きい数を求める計算

0 +2 +5

$(+2)+(+3)=$ +5

$(-2)+(+3)$…−2より3大きい数を求める計算

−2 0 +1

$(-2)+(+3)=$ +1

$(+2)+(-3)$…+2より−3大きい数を求める計算
→ +2より3 小さい 数を求める計算

−1 0 +2

$(+2)+(-3)=$ −1

$(-2)+(-3)$…−2より−3大きい数を求める計算
→ −2より3 小さい 数を求める計算

−5 −2 0

$(-2)+(-3)=$ −5

> 右に3進む。
> 正の数をたすときは，右に進む。

> ピーヒ！
> $+(+○)$
> ⇒ 右へ○

> 左に3進む。
> 負の数をたすときは，左に進む。

> ピーヒ！
> $+(-○)$
> ⇒ 左へ○

加法
同符号の2数の和…絶対値の和に，共通の符号をつける。
異符号の2数の和…絶対値の 差 に，絶対値の大きいほうの符号をつける。

> **ポイント**
> まず符号を決めてから，絶対値の計算をする。

(1) $(-5)+(-4)$
　$=-(5+4)$
　　共通の符号　絶対値の和
　$=-9$

(2) $(+5)+(-7)$
　$=-(7-5)$
　　　　絶対値の差
　絶対値の大きいほうの符号
　$=-2$

(2)いろいろな加法

絶対値が等しく，異符号の2数の和は 0 になる。
0との和は，その数のまま。
小数や分数の加法は，整数のときと同じ。

(1) $(+3)+(-3)=$ 0
(2) $0+(-3)=$ −3
(3) $(-2.5)+(-0.8)=-(2.5+0.8)$
　　　　　　　　$=-3.3$
(4) $\left(+\dfrac{3}{4}\right)+\left(-\dfrac{1}{3}\right)$
　$=\left(+\dfrac{9}{12}\right)+\left(-\dfrac{4}{12}\right)$　通分
　$=+\dfrac{5}{12}$

> 符号を決めてから，絶対値の計算

> 通分すれば，どちらの絶対値が大きいかわかる。

(3)3つ以上の数の加法

加法の計算法則は，負の数をふくむ場合にも成り立つ。
$a+b=b+a$ ⟶ 加法の 交換法則 という。
$(a+b)+c=a+(b+c)$ → 加法の 結合法則 という。

3つ以上の数の加法は，計算法則を使って，
正の数の和，負の数の和を別々に求め，それらを加える。

(1) $(+4)+(-8)+(+5)+(-6)$　　交換法則
　$=(+4)+(+5)+(-8)+(-6)$　　結合法則
　$=\{(+4)+(+5)\}+\{(-8)+(-6)\}$
　$=(+9)+(-14)$
　　正の数の和　負の数の和
　$=-5$

> かっこを2重にするときは，{ }を使う。

> 左から順に計算すると，
> $(+4)+(-8)+(+5)+(-6)$
> $=(-4)+(+5)+(-6)$
> $=(+1)+(-6)=-5$

)減法

ひき算のことを 減法 という。

> 加法と減法を
> あわせて、加減
> ともいう。

(＋3)－(＋5)…＋3より5小さい数を求める計算
→＋3より－5大きい数を求める計算と同じ。
(＋3)－(＋5)＝(＋3)＋(－5)
＝ －2

(－3)－(＋5)…－3より5小さい数を求める計算
→－3より－5大きい数を求める計算と同じ。
(－3)－(＋5)＝(－3)＋(－5)
＝ －8

(＋3)－(－5)…＋3より－5小さい数を求める計算
→＋3より＋5大きい数を求める計算と同じ。
(＋3)－(－5)＝(＋3)＋(＋5)
＝ ＋8

(－3)－(－5)…－3より－5小さい数を求める計算
→－3より＋5大きい数を求める計算と同じ。
(－3)－(－5)＝(－3)＋(＋5)
＝ ＋2

> 5小さい
> 兄 → 弟
> －5大きい

> ポイント
> －5をひくことは、
> ＋5をたすことと
> 同じ。

減 法

ひく数の符号を変えて、加法に直して計算する。

> (＋3)□(＋5)
> 加法に □ 符号を変える
> ＝(＋3)□(－5)

> 負の数をひく！
> BOMB!
> 正の数をたすに変身！
> (＋3)－(－5) → (＋3)＋(＋5)

---

(1) (＋8)－(＋2)
＝(＋8)＋(－2)
＝ ＋6

> ひく数の符号を変えて加法に直す。

(2) (＋9)－(－6)
＝(＋9)＋(＋6)
＝ ＋15

(3) (－12)－(－5)
＝(－12)＋(＋5)
＝ －7

(4) (－2.6)－(＋0.8)＝(－2.6)＋(－0.8)
＝ －3.4

(5) $\left(+\dfrac{2}{5}\right)-\left(+\dfrac{3}{4}\right)$
$=\left(+\dfrac{2}{5}\right)+\left(-\dfrac{3}{4}\right)$
$=\left(+\dfrac{8}{20}\right)+\left(-\dfrac{15}{20}\right)$
$=-\dfrac{7}{20}$

> ひく数の符号を変えて
> 加法に直す。
> 通分

> ウッカリミスを

(6) $\left(-\dfrac{1}{6}\right)-\left(-\dfrac{2}{3}\right)$
$=\left(-\dfrac{1}{6}\right)+\left(-\dfrac{2}{3}\right)$ ← ひく数の符号を変え忘れている。
$=\left(-\dfrac{1}{6}\right)+\left(-\dfrac{4}{6}\right)=-\dfrac{5}{6}$

(2) 0との減法

(ある数)－0＝(ある数)
0－(ある数)＝0＋(ある数の符号を変えた数)

(1) (－5)－0
＝ －5

(2) 0－(－5)
＝0＋(＋5)＝ ＋5

> ひかれる数の符号は
> 変わらない！

> (＋3)－(＋8)
> ＝(＋3)＋(－8)
> 変えちゃ
> ダメ！

> 注意！
> 分数の計算で、答えが
> 約分できるときは、必
> ず約分する。

> 解きなおし
> ◆左の計算を正しく解きましょう。
> $\left(-\dfrac{1}{6}\right)-\left(-\dfrac{2}{3}\right)$
> $=\left(-\dfrac{1}{6}\right)+\left(+\dfrac{2}{3}\right)$
> $=\left(-\dfrac{1}{6}\right)+\left(+\dfrac{4}{6}\right)$
> $=+\dfrac{3}{6}=+\dfrac{1}{2}$

> 0との減法も、
> 加法に直して計算
> するとよい。

加法と減法の混じった計算①

加法と減法の混じった式は、ひく数の符号を変えて、
加法 だけの式に直せば計算できる。

(1) (＋3)－(＋2)＋(－4)
＝(＋3)＋(－2)＋(－4)
＝(＋3)＋(－6)
＝ －3

> 加法だけの式に直す。
> 負の数の和を求める。

> 果報はねて待て！
> じゃなくて
> 加法 に直して！

(2) (＋5)－(＋7)＋(－2)－(－6)
＝(＋5)＋(－7)＋(－2)＋(＋6)
＝{(＋5)＋(＋6)}＋{(－7)＋(－2)}
＝(＋11)＋(－9)
　　　正の数の和　　負の数の和
＝ ＋2

> 加法だけの式に
> 直す。
> 正の数、負の数を
> 集める。
> 正の数の和、
> 負の数の和を求める。

正の項、負の項

上の(1)の加法だけの式
(＋3)＋(－2)＋(－4)
で、＋3、－2、－4を、この式の 項 という。
また、＋3を 正の項 といい、
－2、－4を 負の項 という。

上の(2)の式では、
項は ＋5、－7、－2、＋6 で、
正の項は ＋5、＋6
負の項は －7、－2

> ポイント
> 加法だけの式で、
> ＋で結ばれた数
> が項！

> 正の項をいうときは、
> 符号＋を省いてもよい。

計算のしかたをまとめると、

加法と減法の混じった式では、
加法 だけの式にしたあと、正の項、負の項の和
をそれぞれ求めて計算する。

---

(2)加法と減法の混じった計算②

(＋5)＋(－7)＋(－2)＋(＋6)のような式は、かっこを省いて、
5－7－2＋6
と、項 だけを並べて表すことができる。

> 式のはじめの数が正の数
> のときは、符号 ＋を省い
> てたしてもよい。

項だけを並べた式でも、正の項の和、負の項の和をそれぞれ求め
て計算できる。
5－7－2＋6
＝5＋6－7 －2
＝11 －9
＝2

> 正の項、負の項を集める。
> 正の項の和、負の項の和を求める。

> 計算の結果が正の数の
> とき、符号＋を省くこと
> ができる。

(1) －2＋6－8
＝6－2 －8
＝6 －10
＝ －4

(2) 6－8＋9－3
＝6 ＋9 －8 －3
＝15－11
＝ 4

> ポイント
> 正の項、負の項を
> 見きわめる！

> 6 －8 ＋9 －3
> 正 負 正 負
> 符号をふくめて
> 区切っちゃえば
> わかる。

(3)加法と減法の混じった計算③

式の一部にかっこがある式は、かっこのない式に直して
計算できる。

(1) 6＋(－3)－7
＝6 －3 －7
＝6 －10
＝ －4

> かっこをはずす。
> 負の項の和を求める。

(2) －5－(－8)＋4＋(－3)
＝－5 ＋8 ＋4 －3
＝8＋4 －5－3
＝12 －8
＝ 4

> かっこをはずす。
> 正の項、負の項を集める。
> 正の項の和、負の項の和を
> 求める。

> かっこのはずし方
> ＋( )は、そのままかっこをはずす。
> ＋(－3)＝－3
> ＋(＋3)＝＋3
> －( )は、かっこの中の符号を変えて
> かっこをはずす。
> －(＋3)＝－3
> －(－3)＝＋3

(1)乗法

かけ算のことを 乗法 という。

4×3 …………… 4の3つ分だから，
    4×3＝4＋4＋4＝12 ……＋(4×3)

(−4)×3 ………… −4の3つ分だから，
    (−4)×3＝(−4)＋(−4)＋(−4)
       ＝−(4×3)＝ −12

(+4)×(−3) …… かける数が1ずつ小さくなると，積は
    4ずつ小さくなるから，
    (+4)×(+1)＝ 4
    (+4)× 0 ＝ 0
    (+4)×(−1)＝−4   …−(4×1)
    (+4)×(−2)＝ −8   …−(4×2)
    (+4)×(−3)＝ −12   …−(4×3)

(−4)×(−3) …… かける数が1ずつ小さくなると，積は
    −4ずつ小さくなる。つまり，
    4ずつ大きくなるから，
    (−4)×(+1)＝−4
    (−4)× 0 ＝ 0
    (−4)×(−1)＝ 4   …＋(4×1)
    (−4)×(−2)＝ 8   …＋(4×2)
    (−4)×(−3)＝ 12   …＋(4×3)

乗法

同符号の2数の積…絶対値の積に正の符号＋をつける。
異符号の2数の積…絶対値の積に負の符号−をつける。

(1) (−6)×7 ←異符号
＝ − (6 × 7)
符号を決める 絶対値の積
＝ −42

(2) (−4)×(−7) ←同符号
＝ ＋ (4 × 7)
符号を決める 絶対値の積
＝ 28

4×3＝12 小学校で習ってる。

−3をかけることは，0からその数までの距離をその反対側に3倍にのばしたところにある数を求めること。

(+4)×(−3)   4
−12   0

(−4)×(−3)
−4
0   12

(+)×(+) → (+)
(−)×(−) → (+)
(+)×(−) → (−)
(−)×(+) → (−)

符号大切！

(2)除法

わり算のことを 除法 という。

8÷2 …………… □×2＝8の□にあてはまる数だから，
    8÷2＝4   …＋(8÷2)

(−8)÷2 ……… □×2＝−8の□にあてはまる数だから，
    (−8)÷2＝ −4   …−(8÷2)

8÷(−2) ……… □×(−2)＝8の□にあてはまる数だから，
    8÷(−2)＝ −4   …−(8÷2)

(−8)÷(−2) …… □×(−2)＝−8の□にあてはまる数だから，
    (−8)÷(−2)＝ 4   …＋(8÷2)

除法

同符号の2数の商…絶対値の商に正の符号＋をつける。
異符号の2数の商…絶対値の商に負の符号−をつける。

(1) 24÷(−3) ←異符号
＝ − (24 ÷ 3)＝ −8
符号を決める 絶対値の商

(2) (−42)÷(−7) ←同符号
＝ ＋ (42 ÷ 7)＝ 6
符号を決める 絶対値の商

乗法と除法をあわせて，乗除ともいう。

ポイント 符号の決め方は積のときと同じ！

(3) 0との乗法・0をわる除法

0と正の数，負の数の積は 0
0を正の数，負の数でわっても，商は 0

どんな数も，0でわることはできない

(4)小数の乗法・除法

小数のときも，計算のしかたは同じ。

(1) (−0.8)×(−0.4) ←同符号
＝ ＋ (0.8×0.4)
符号を決める 絶対値の積
＝ 0.32

(2) (−5.6)÷0.7 ←異符号
＝ − (5.6÷0.7)
符号を決める 絶対値の商
＝ −8

やっぱり符号

(1)分数の乗法・除法

分数の乗法…計算のしかたは整数と同じ。
分数の除法…わる数を逆数にしてかける。
→2つの数の積が1になるとき，一方の数を他方の数の
 逆数 という。

$$\frac{2}{5}\times\frac{5}{2}=1 \qquad \left(-\frac{2}{5}\right)\times\left(-\frac{5}{2}\right)=1$$

$\frac{2}{5}$の逆数   −$\frac{2}{5}$の逆数

負の数の逆数は負の数になる。

(1) $\left(-\frac{5}{8}\right)\times\frac{4}{7}$ ←異符号

$= -\left(\dfrac{5}{8}\times\dfrac{4}{7}\right) = -\dfrac{5}{14}$
符号を決める 絶対値の積

(2) $\left(-\frac{2}{9}\right)\div(-6)$ ←同符号

$= \left(-\dfrac{2}{9}\right)\times\left(-\dfrac{1}{6}\right)$

$= +\left(\dfrac{2}{9}\times\dfrac{1}{6}\right)=\dfrac{1}{27}$
符号を決める 絶対値の積

ポイント 分数の逆数は，分母と分子を入れかえた数。

逆数にしてかける？？

ポイント 計算のとちゅうで約分できるときは約分する。

−6 → −$\frac{1}{6}$ 逆数

(2)乗法の計算法則

乗法の計算法則は，負の数をふくむ場合も成り立つ。
a×b＝b×a ⟶ 乗法の 交換法則 という。
(a×b)×c＝a×(b×c) ⟶ 乗法の 結合法則 という。

(1) (−4)×18×(−25)
＝18×(−4)×(−25)
＝18× 100
＝ 1800

計算法則を使うと，順序を変えて計算することができる。

交換法則
結合法則

カンタンに計算できた！

(3)3つ以上の数の乗法

(−1)×2×3×4＝−24
(−1)×(−2)×3×4＝24
(−1)×(−2)×(−3)×4＝ −24
(−1)×(−2)×(−3)×(−4)＝ 24

積の符号

積の符号は，
負の数が偶数個ならば＋，奇数個ならば−。

(1) 2×(−5)×3×(−4) ←負の数は2個
＝ ＋ (2×5×3×4)＝ 120
符号を決める 絶対値の積

(4)3つ以上の数の乗法・除法

わる数の 逆数 をかけて，乗法だけの式に直して計算する。

(1) $(-6)\times\left(-\frac{5}{6}\right)\div\left(-\frac{5}{9}\right)$

$= (-6)\times\left(-\dfrac{5}{6}\right)\times\left(-\dfrac{9}{5}\right)$ わる数を逆数にしてかける。 負の数は3個

$= -\left(6\times\dfrac{5}{6}\times\dfrac{9}{5}\right)= -9$
符号を決める 絶対値の積

(2) 21×(−5)÷(−7) わる数を逆数にしてかける。

$= 21\times(-5)\times\left(-\dfrac{1}{7}\right)= +\left(21\times5\times\dfrac{1}{7}\right)= 15$
負の数は2個 符号を決める 絶対値の積

ポイント 計算の手順は ①すべて乗法に ②符号を決める ③絶対値の計算

うっかりミス
(3) 24÷(−3)×4
＝24÷(−12) ←乗法と除法の混じった式では乗法の計算法則は使えない！ まずは乗法だけの式にする。
＝−2

解きなおし
左の計算を正しく
24÷(−3)×

$=24\times\left(-\dfrac{1}{3}\right)$

＝−32

累乗

同じ数をいくつかかけ合わせたものを、累乗という。

$5×5$　$=5^2…5$の2乗と読む。

$5×5×5=5^3…5$の3乗と読む。

かけ合わせた個数を示す右かたの小さい

数を 指数 という。

$5^3 ←$ 指数

> 2乗のことを平方、
> 3乗のことを立方
> ともいう。
> m²…平方メートル
> m³…立方メートル

(1) $(-3)×(-3)×(-3)$

$=(-3)^3$

> （−3）を3個かけ合わせている。
> 累乗の指数を
> 使ってあらわしましょう。

(2) $2.5×2.5$

$=2.5^2$

> 2.5を2個かけ合わせている。

累乗の計算

何を何個かけ合わせたものかを考えて計算する。

(1) $(-2)^4$ ← −2を4個かけ合わせたもの

$=(-2)×(-2)×(-2)×(-2)$

$=+(\,2×2×2×2\,)$

符号を決める　絶対値の積

$=16$

(2) -2^4 ← 2を4個かけ合わせたものに負の符号をつけたもの

$=-(\,2×2×2×2\,)$

符号は−　絶対値の積

$=-16$

> $(-2)^4$と-2^4とは
> ちがう!

(3) $3^2×(-2)^3$

$=9×(-8)$

> 累乗を計算

$=-72$

加法、減法、乗法、除法をまとめて 四則 という。

> これ
> ポイント!

計算の順序

①累乗のある式では、累乗を先に計算。

②かっこがある式では、かっこの中を先に計算。

③加減と乗除が混じった式では、乗除を先に計算。

(1) $18-24÷(-8)$

$=18-(\,-3\,)$

> 除法

$=18\,+3$

> かっこをはずす。

$=21$

> いきなり左から計算し
> てはダメ!
> まず、計算の順序を
> 考える。

(2) $5×(-7)+48÷(-4^2)$

$=5×(-7)+48÷(\,-16\,)$

> 累乗

$=(\,-35\,)+(\,-3\,)$

> 乗法・除法

$=-38$

(3) $12÷\{(-3)^2-5×3\}$

$=12÷(\,9\,-5×3\,)$

> （ ）の中の累乗

$=12÷(\,9\,-\,15\,)$

> （ ）の中の乗法

$=12÷(\,-6\,)$

> （ ）の中の減法

$=-2$

> あんたは
> 乗除のうしろ!
> 順序を守って!

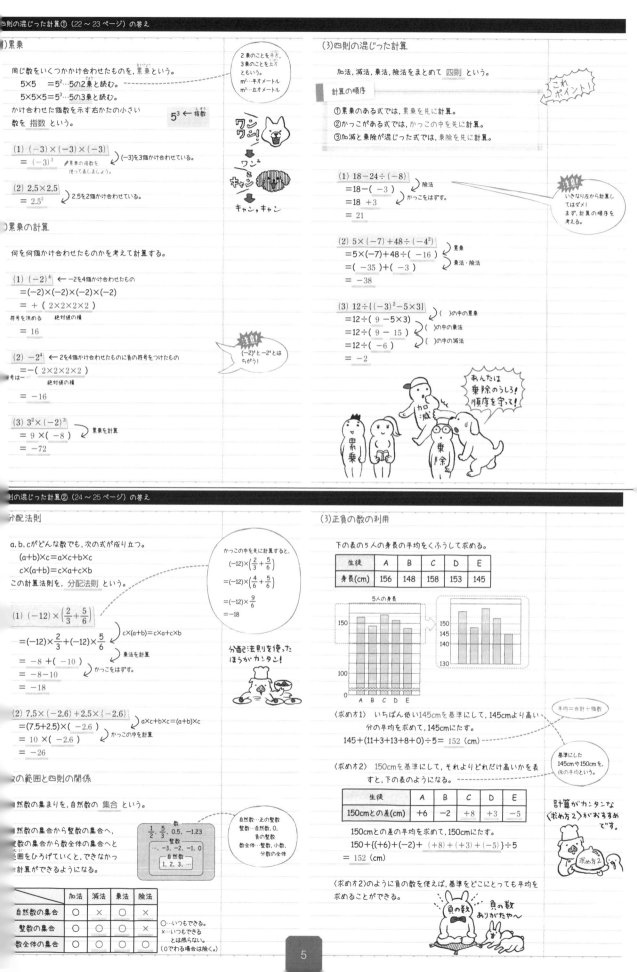

分配法則

a, b, cがどんな数でも、次の式が成り立つ。

$(a+b)×c=a×c+b×c$

$c×(a+b)=c×a+c×b$

この計算法則を、分配法則 という。

> かっこの中を先に計算すると、
> $(-12)×(\frac{2}{3}+\frac{5}{6})$
> $=(-12)×(\frac{4}{6}+\frac{5}{6})$
> $=(-12)×\frac{9}{6}$
> $=-18$

(1) $(-12)×(\frac{2}{3}+\frac{5}{6})$

$=(-12)×\frac{2}{3}+(-12)×\frac{5}{6}$

> $c×(a+b)=c×a+c×b$

$=-8\,+(\,-10\,)$

> 乗法を計算

$=-8-10$

> かっこをはずす。

$=-18$

> 分配法則を使った
> ほうがカンタン!

(2) $7.5×(-2.6)+2.5×(-2.6)$

$=(7.5+2.5)×(\,-2.6\,)$

> $a×c+b×c=(a+b)×c$

$=10×(\,-2.6\,)$

> かっこの中を計算

$=-26$

数の範囲と四則の関係

自然数の集まりを、自然数の 集合 という。

自然数の集合から整数の集合へ、

整数の集合から数全体の集合へと

範囲をひろげていくと、できなかっ

た計算ができるようになる。

> 自然数…正の整数
> 整数…自然数、0、
> 負の整数
> 数全体…整数、小数、
> 分数の全体

$\frac{1}{2}$, $\frac{5}{3}$, 0.5, −1.23
整数
…, −3, −2, −1, 0
自然数
1, 2, 3, …

	加法	減法	乗法	除法
自然数の集合	○	×	○	×
整数の集合	○	○	○	×
数全体の集合	○	○	○	○

> ○…いつもできる。
> ×…いつもできる
> とは限らない。
> （0でわる場合は除く。）

(3)正負の数の利用

下の表の5人の身長の平均をくふうして求める。

生徒	A	B	C	D	E
身長(cm)	156	148	158	153	145

5人の身長

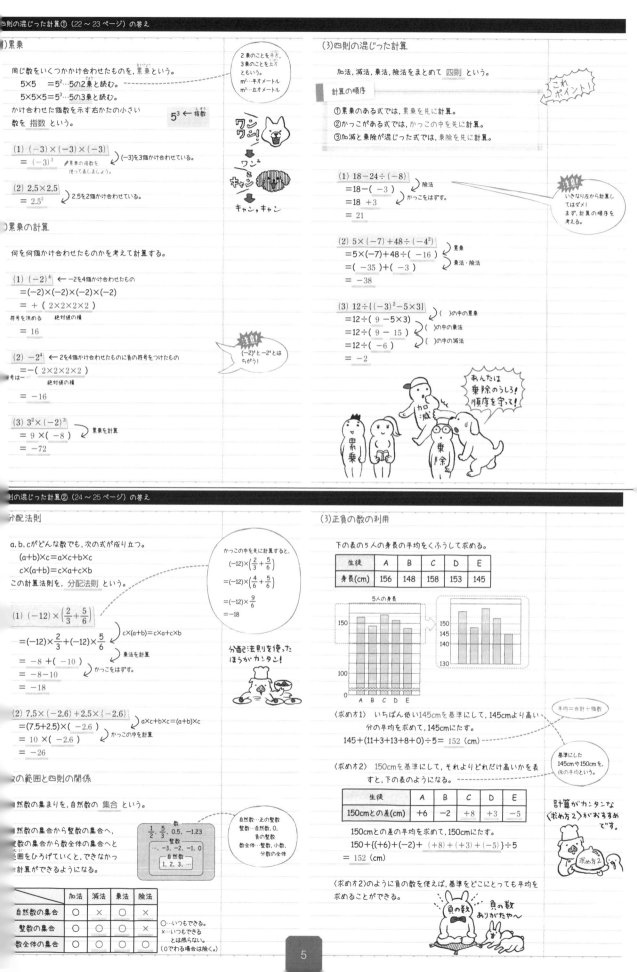

> 平均＝合計÷個数

〈求め方1〉　いちばん低い145cmを基準にして、145cmより高い

分の平均を求めて、145cmにたす。

$145+(11+3+13+8+0)÷5=152$ (cm)

> 基準にした
> 145cmや150cmを、
> 仮の平均という。

〈求め方2〉　150cmを基準にして、それよりどれだけ高いかを表

すと、下の表のようになる。

生徒	A	B	C	D	E
150cmとの差(cm)	+6	−2	+8	+3	−5

150cmとの差の平均を求めて、150cmにたす。

$150+\{(+6)+(-2)+(+8)+(+3)+(-5)\}÷5$

$=152$ (cm)

〈求め方2〉のように負の数を使えば、基準をどこにとっても平均を

求めることができる。

> 計算がカンタンな
> 〈求め方2〉がおすすめ
> です。

> 負の数
> 負の数
> ありがたや〜

(1)素数

1とその数のほかに約数のない自然数を 素数 という。
ただし、1は素数にはふくめない。

> 自然数は、素数と素数でない数のどちらかである。

50以下の素数に○をつけると、

1	②	③	4	⑤	6	⑦	8	9	10
⑪	12	⑬	14	15	16	⑰	18	⑲	20
21	22	㉓	24	25	26	27	28	㉙	30
㉛	32	33	34	35	36	㊲	38	39	40
㊶	42	㊸	44	45	46	㊼	48	49	50

> **ポイント** 素数は、2を除いて、すべて奇数。

> **注意** 素数の並びに規則性はない。

(2)素因数分解

1と素数以外の自然数は、
1より大きい自然数の積で表していくと、
最後には、素数だけの積で表すことができる。

$60 = 2 \times 30$
$\quad = 2 \times 5 \times 6$
$\quad = 2 \times 5 \times 2 \times 3$
$\quad = 2^2 \times 3 \times 5$

$60 = 6 \times 10$
$\quad = 2 \times 3 \times 2 \times 5$
$\quad = 2^2 \times 3 \times 5$

> **ポイント** 同じ数の積は、累乗の指数を使って表す。

$60 = 2^2 \times 3 \times 5$ のように、自然数を素数だけの積の形で表すことを 素因数分解 という。
素因数分解は、どんな順序でしても同じ結果になる。

(3)素因数分解のしかた

自然数を素因数分解するには、右のように、
商が素数になるまで素数で次々にわっていき、
わった素数と最後の商(素数)の積をつくる。
$60 = 2 \times 2 \times 3 \times 5 = 2^2 \times 3 \times 5$

> 60をわり切れる素数を見つけてわればよいから、はじめには3や5でわってもよい。

(1) 70　$70 = 2 \times 5 \times 7$

(2) 75　$75 = 3 \times 5^2$

(3) 126　$126 = 2 \times 3^2 \times 7$

(4)素因数分解の利用

自然数を素因数分解すると、その数がどんな数の倍数であるのかがわかる。

140を素因数分解すると、$140 = 2^2 \times 5 \times 7$
140は、2、5、7を約数にもつから、
140は2の倍数であり、 5 の倍数であり、 7 の倍数である。
また、約数の積 2^2、2×5、2×7、5×7 より、
140は4、 10 、 14 、 35 の倍数である。
さらに、$2^2 \times 5$、$2^2 \times 7$、$2 \times 5 \times 7$、$2^2 \times 5 \times 7$ より、
140は20、 28 、 70 、 140 の倍数である。

> 「●は■の倍数」ということは、「■は●の約数」ということだから、左で調べた数はすべて140の約数である。

(1) 195にできるだけ小さい自然数をかけて、18の倍数にするには、どんな数をかければよいですか。
195を素因数分解すると、
$195 = 3 \times 5 \times 13$
$18 = 3 \times 6$ だから、195に 6 をかけると、
積は、$3 \times 5 \times 13 \times 6 = 18 \times 5 \times 13 = 18 \times 65$
となり、18の倍数になる。

> **ポイント** 18の倍数は 18×(自然数) とせる。

(1)文字を使った式

鉛筆を5本買って、1000円出したときのおつりは、
1本の値段が60円のとき → $1000 - 60 \times 5$(円)
70円のとき → $1000 - 70 \times 5$(円)
80円のとき → $1000 - 80 \times 5$(円)
1本の値段をa円とすると、おつりは、
$1000 - a \times 5$(円)と表すことができる。

文字を使った式を文字式という。

> おつりは、(1本の値段)ということばを使うと、1000−(1本の値段)×5(円)とせる。

> 文字を使うと、いろいろな数量や、数量どうしの関係を、一般的に、簡潔に表すことができる。

(2)文字を使った積の表し方

文字式で積を表すときは、次のようにする。
①記号×ははぶく。
$b \times a = ab$ ← 文字はふつう、アルファベット順に並べて書く。

②文字と数の積では、数を文字の前に書く。
$a \times 5 = 5a$
数が1のときは、1ははぶく。
$1 \times a = a$
$(-1) \times a = -a$

③同じ文字の積は、累乗の指数を使って書く。
$a \times a \times a = a^3$

(1) $a \times b \times (-2) = -2ab$ ← 負の数の( )はつけない。

(2) $(a+b) \times (-1) = -(a+b)$ ← 1ははぶく。

(3) $x \times x \times x \times y \times y = x^3 \times y^2 = x^3 y^2$
指数を使って表す。記号×ははぶく。

> **ポイント** ( )のついた式は、ひとまとまりと考える。

(3)文字を使った商の表し方

記号÷は使わないで、分数 の形に書く。
$a \div 7 = \dfrac{a}{7}$

> $\div 7$ は $\times \dfrac{1}{7}$ と同じ。$\dfrac{1}{7}a$ と表してもよい

(1) $(x+y) \div 3 = \dfrac{x+y}{3}$ ← ( )ははぶく。

(2) $(-5) \div a = \dfrac{-5}{a} = -\dfrac{5}{a}$ ← −は分数の前に書く。

> **ポイント** ○÷□ = $\dfrac{○}{□}$ = ○…わられる数 □…わる数

(4)記号×、÷を使わない表し方

文字式では、記号×や÷ははぶくことができるが、記号＋、−は、はぶくことができない。
$a \times 3 - 4 \div b = 3a - \dfrac{4}{b}$ ← −ははぶけない。

(1) $x \div 9 \times y = \dfrac{x}{9} \times y = \dfrac{xy}{9}$ ← $\dfrac{x}{9} \times \dfrac{y}{1}$ と考える。
÷ははぶく。×ははぶく。

(2) $(a-b) \div 3 + c \times 5 = \dfrac{a-b}{3} + 5c$
÷ははぶく。×ははぶく。

(5)記号×、÷を使って表す

式がどんな計算を表しているか考える。
$5ab = 5 \times a \times b$ ← 5とaとbをかけ合わせた式

(1) $9xy^2 = 9 \times x \times y \times y$ ← xy^2 は、xとyとyをかけ合わせた式

(2) $5(a+b) + \dfrac{c}{3} = 5 \times (a+b) + c \div 3$
×を使って表す。÷を使って表す。

> **注意** 5(a+b)は、5×a+bとし…

1)数量の表し方

数量を文字を使って表すときは、×や÷の記号を使わずに、
文字式の表し方にしたがって表す。

(1) 1個 a 円のりんごを8個買い、b 円の箱につめてもらったときの代金

代金＝りんごの代金＋箱の代金

$\downarrow$ $\downarrow$

$a\times8$ b

> ことばの式や公式に文字や数をあてはめれば、式にあらわせる。

だから、$8a+b$ （円）

←×の記号ははぶく。

> $(8a+b)$円のように表すこともある。

(2) 5人が x 円ずつ出して、y 円の品物を買ったときの残金

残金＝5人が出した金額の合計ー品物の代金

$\downarrow$ $\downarrow$

$x\times5$ y

だから、$5x-y$ （円）

(3) a km の道のりを、5時間かかって歩いたときの速さ

速さ＝道のり÷時間

$\downarrow$ $\downarrow$

a 5

だから、$\dfrac{a}{5}$ （km/h）

> km/hは、時速を表す単位。h は hour（時）の頭文字。

(4) 2人の体重が a kg、b kg のときの体重の平均

平均＝合計÷個数

$\downarrow$ $\downarrow$

$a+b$ 2

だから、$\dfrac{a+b}{2}$ （kg）

(2)単位が異なる数量の表し方

答える単位にそろえて式をつくる。

(1) a m のロープから b cm のロープを3本切り取ったときの残りの長さ

a m を答える単位の cm で表すと、

   a m＝100a cm

切り取った長さは、$b\times3=$ $3b$ （cm）

したがって、残りの長さは、$100a-3b$ （cm）

> 残りの長さを m の単位で求めるときは、
> b cm＝$\dfrac{b}{100}$ m
> だから、
> $a-\dfrac{3b}{100}$ （m）

(3)割合を使った数量の表し方

百分率や歩合で表された割合は、分数で表す。

> 小数で表すこともできる。

(1) x km² の土地の37％の面積

37％を分数で表すと、$\dfrac{37}{100}$

したがって、面積は、$\dfrac{37}{100}x$ （km²）

> **ポイント**
> $a\% \rightarrow \dfrac{a}{100}$
> （または0.01a）
> a割 $\rightarrow \dfrac{a}{10}$
> （または0.1a）

(4)式の表す数量

文字式がどんな数量を表しているか考える。

(1) 1個 a 円のみかんと、1個 b 円のりんごがあります。このとき、$5a+3b$ は何を表していますか。

$5a$（円）$\rightarrow a\times5$（円）だから、みかん 5 個の代金

$3b$（円）$\rightarrow b\times3$（円）だから、りんご 3 個の代金

したがって、$5a+3b$ は、

みかん 5 個とりんご 3 個の代金の合計を表している。

代入と式の値

10kmの道のりを、時速 a kmで3時間進んだときの残りの道のりは、

$10-3a$（km）

と表せる。

速さが時速2kmのとき、残りの道のりは、

$10-3a=10-3\times a$

       $=10-3\times$ 2 $=$ 4 （km）

> $10-3a$の式のaに2をあてはめれば求められる。

→式の中の文字を数におきかえることを、文字にその数を 代入する という。

・おきかえた数を文字の 値 という。

・代入して計算した結果を 式の値 という。

代入のしかた

×や÷の記号を使った式に直してから代入する。
負の数は（ ）をつけて代入する。

(1) $x=5$ のとき、$8-2x$ の式の値

$8-2x=8-2\times x$

       $=8-2\times$ 5 $\big\}$ xに5を代入　乗法

       $=8-$ 10

       $=$ -2

> **注意！**
> 加減より乗除を先に計算する。

(2) $x=-3$ のとき、$8-2x$ の式の値

$8-2x=8-2\times x$

       $=8-2\times$（ -3 ）$\big\}$ xに-3を代入　乗法

       $=8+$ 6 　← $8-(-6)$

       $=$ 14

> 負の数はカッコをつける！

(3)いろいろな式への代入

式の意味を考えて、文字の値を代入する。

(1) $x=-2$ のとき、$-x-5$ の式の値

$-x-5=(-1)\times x-5$

        $=(-1)\times$（ -2 ）-5 $\big\}$ xに-2を代入　乗法

        $=$ 2 -5

        $=$ -3

> $-x$ に -2 を代入するときは、
> $-x=-(-2)$
> としてもよい。

(2) $x=-\dfrac{2}{3}$ のとき、$\dfrac{8}{x}$ の式の値

$\dfrac{8}{x}=8\div x$

   $=8\div$（ $-\dfrac{2}{3}$ ）$\big\}$ xに$-\dfrac{2}{3}$を代入

   $=$ -12

> **ポイント**
> 分数の式に代入するときは、÷を使った式に直して代入する。

(3) $a=-2$ のとき、a^3 の式の値

$a^3=($ -2 $)^3$ ←aに-2を代入

   $=(-2)\times$（ -2 ）$\times$（ -2 ） ←乗法の式に直す。

   $=$ -8

> $-a^3$なら、式の値は、
> $-a^3=-(-2)^3$
> $=-(-8)$
> $=8$
> となる。

うっかりミスに

(4) $a=\dfrac{2}{3}$ のとき、a^2 の式の値

$a^2=\dfrac{2^2}{3}=\dfrac{4}{3}$ ✓ ←$\dfrac{2}{3}$にかっこをつけて代入し、$\dfrac{2}{3}$全体を2乗しないといけない。

> **解きなおし**
> 左の計算を正しく解きましょう。
> $a^2=\left(\dfrac{2}{3}\right)^2$
> $=\dfrac{4}{9}$

(5) $a=-2$、$b=5$ のとき、$3a+2b$ の式の値

$3a+2b=3\times a+2\times b$

        $=3\times$（ -2 ）$+2\times$ 5 $\big\}$ aに-2、bに5を代入

        $=$ $-6+10$

        $=$ 4

(1) 項と係数

加法だけの式で、加法の記号＋で結ばれた1つ1つの文字式や数を **項** という。
文字をふくむ項の数の部分を **係数** という。
$x-2y+3=x+(-2y)+3$ だから、
項は、 x , $-2y$, 3
x の係数は 1 , y の係数は -2

項 x , $-2y$ のように、文字が1つだけの項を **1 次の項** という。
1次の項だけか、1次の項と数の項の和で表すことができる式を **1 次式** という。
1次式…$3x, 5x-3, 4x+2y+1$ など。
1次式でないもの…$x^2, 3xy, 2x^2+x+5$ など。

$\frac{x}{3}$ の係数は
$\frac{x}{3}=\frac{1}{3}x$ だから、
$\frac{1}{3}$

(2)式を簡単にすること

$5x+2x=(5+2)x=7x$

$5x+2x$

$5x+2x, 5x-2x$
では x は同じ個数を表しているから、1つの項にまとめて、簡単にすることができる。

$5x-2x=(5-2)x=3x$

$5x-2x$

分配法則の逆向きの形

文字の部分が同じ項は、$mx+nx=(m+n)x$ を使って、1つの項にまとめることができる。

(1) $-5x+2x$
$=(-5+2)x$
$=-3x$

係数の和

(2) $x-3x$
$=(1-3)x$
$=-2x$

係数の和

(3)文字と数の項がある式の計算

文字の項どうし、数の項どうしをそれぞれまとめる。

(1) $7x+2-2x-5$
$=7x-2x+2-5$ … 文字の項、数の項を集める。
$=5x-3$ … 文字の項、数の項どうしをまとめる。

文字の項、数の項を集める

(4) 1次式の加減

$+(\quad)$ は、そのまま $(\quad)$ をはずす。
$-(\quad)$ は、$(\quad)$ の中の各項の符号を変えて、$(\quad)$ をはずす。

(1) $2x-(3x-4)$
$=2x-3x+4$ … $-(\quad)$ の中の各項の符号を変えて $(\quad)$ をはずす。
$=-x+4$ … 文字の項をまとめる。

うしろの項の符号の変え忘れに注意する。
$-(3x-4)$
$=(-1)\times(3x-4)$
と考えるとわかりやすい

(5)式をたすこと・ひくこと

式に $(\quad)$ をつけて、$+$, $-$ の記号でつなぎ、次に $(\quad)$ をはずして計算する。

(1) 次の2つの式をたしなさい。また左の式から右の式をひきなさい。
$x+4$, $-6-3x$

たす $(x+4)+(-6-3x)$ … そのまま $(\quad)$ をはずす。
$=x+4-6-3x$ … 文字の項、数の項を集める。
$=x-3x+4-6$ … 文字の項、数の項どうしをまとめる。
$=-2x-2$

ひく $(x+4)-(-6-3x)$ … 符号を変えて $(\quad)$ をはずす。
$=x+4+6+3x$ … 文字の項、数の項を集める。
$=x+3x+4+6$ … 文字の項、数の項どうしをまとめる。
$=4x+10$

縦書きにして計算してもよい。
$\begin{array}{r} x+4 \\ +)\ -3x-6 \\ \hline -2x-2 \end{array}$

$\begin{array}{r} x+4 \\ -)\ -3x-6 \\ \hline 4x+10 \end{array}$

(1)項が1つの式と数との乗除

乗法…数どうしの積を求め、それに文字をかける。
除法…分数の形にして、数どうしで約分する。
または、わる数を逆数にして乗法に直して計算する。

(1) $4x\times(-7)$
$=4\times(-7)\times x$ … 数どうしをかける
$=-28x$

(2) $12x\div(-4)$
$=-\dfrac{12x}{4}$ … 分数の形にする。
$=-3x$ … 数どうしで約分する。

$12x\div(-4)$
$=12x\times\left(-\dfrac{1}{4}\right)$
と逆数にして乗法に直してもできる。

(3) $-6x\div\dfrac{3}{4}=-6x\times\dfrac{4}{3}$ ← 逆数にしてかける。
$=-8x$ … 約分する

わる数が分数のときは、逆数にして乗法に直す。

(2)項が2つの式と数との乗除

乗法…分配法則を使って、かっこの外の数をかっこの中のすべての項にかける。
除法…分数の形にして、数どうしで約分する。
または、わる数を逆数にして乗法に直して計算する。

分配法則
$a(b+c)=ab+ac$

(1) $3(2x-4)$
$=3\times 2x+3\times(-4)$ … 分配法則を使う。
$=6x-12$

うしろの項にかけ忘れてはダメ！

(2) $(18x+12)\div 3$
$=\dfrac{18x}{3}+\dfrac{12}{3}$ … 分数の形にする。
$=6x+4$

$(18x+12)\div 3$
$=\dfrac{18x+12}{3}$
$=\dfrac{18x}{3}+\dfrac{12}{3}$
または、
$(18x+12)\div 3$
$=(18x+12)\times\dfrac{1}{3}$
$=\dfrac{18x}{3}+\dfrac{12}{3}$

すべての項を3でわる。または $\frac{1}{3}$ をかけると考えればいい。

(3)分数の形の式と数との乗法

分母とかける数で約分し、「$(\quad)\times$ 数」の形にしてからかっこをはずす。

(1) $\dfrac{2x+3}{3}\times 9$ … 分子の式に数をかけ、約分する。
$=\dfrac{(2x+3)\times\overset{3}{\cancel{9}}}{\underset{1}{\cancel{3}}}$
$=(2x+3)\times 3$ … 分配法則を使って $(\quad)$ をはずす。
$=2x\times 3+3\times 3$
$=6x+9$

分子の式にはかっこをつける。

かっこをつけたり大切

(4)数×($\quad$)の加減

分配法則を使ってかっこをはずし、文字の項、数の項をまとめる。

(1) $2(x+3)+3(2x-1)$
$=2x+6+6x-3$ … 分配法則を使って $(\quad)$ をはずす。
$=2x+6x+6-3$ … 文字の項、数の項どうしを集める。
$=8x+3$ … 文字の項、数の項をまとめる。

分配法則を使うかけ忘れと符号に注意！

(2) $3(x-3)-5(x-2)$
$=3x-9-5x+10$ … 分配法則を使って $(\quad)$ をはずす。
$=3x-5x-9+10$ … 文字の項、数の項どうしを集める。
$=-2x+1$ … 文字の項、数の項をまとめる。

1)等しい関係を表す式

「1冊180円のノートをa冊と，60円の消しゴムを1個買ったら，代金はb円になった。」
→(ノートの代金)＋(消しゴムの代金)が，代金の合計b円に等しいから，

$$180a+60=b$$

このように等号＝を使って，2つの数量が等しい関係を表した式を __等式__ という。
等式で，等号の左側の式を __左辺__ ，右側の式を __右辺__ といい，その両方を合わせて __両辺__ という。

> 左辺と右辺を入れかえても，等式は成り立つ。
> $180a+60=b$
> $b=180a+60$

等式
$$\underset{\underset{両辺}{左辺 \quad 右辺}}{180a+60=b}$$

2)等しい関係を等式に表す

等しい数量を読み取り，文字式で表して等号で結ぶ。

(1) りんごの値段a円は，みかんの値段b円より80円高い。
りんごの値段とみかんの値段＋80円は等しいから，
$$a= b+80$$

> (1) $a-b=80$
> (2) $y+3=5x$
> など，いろいろな表し方ができるが，文の通りに表すとやりやすい！

(2) あめがy個ある。このあめを5人にx個ずつ分けようとすると，3個たりない。
5人に分けるあめの数は，$x×5=$ $5x$ (個)
あめの数y個は，5人に分けるあめの数より3個少ないということだから，
$$y= 5x-3$$

(3)大小関係を表す式

「ある数xの3倍から4をひいた数は，10より大きい。」
→xの3倍から4をひいた数と10の関係は，次のように表せる。
$$3x-4>10$$

> aはbより大きい。
> $a>b$

このように，不等号を使って，2つの数量の大小関係を表した式を __不等式__ という。
不等式で，不等号の左側の式を __左辺__ ，右側の式を __右辺__ といい，その両方を合わせて __両辺__ という。

不等号にはほかに，≧，≦がある。

aはb以上……$a ≧ b$　　　aはb以下…$a ≦ b$

> b以上…bと等しいか，bより大きい。
> b以下…bと等しいか，bより小さい。
> b未満…bより小さい。
> aはb未満…$a<b$

(4)大小関係を不等式に表す

数量の大小関係を読み取り，文字式で表して不等号で結ぶ。

(1) 1本a円の鉛筆4本は，500円で買える。
鉛筆4本の代金は，500円 以下 だから，
$$4a ≦500$$

> 500円で買えるから500円ちょうどでもいいね。

(5)関係を表す式の意味

文字式や数が表す意味を調べ，関係を考える。

(1) 1個x円のガムと，1個y円のあめがあります。このとき，$2x+3y<400$はどんなことを表していますか。
$2x$は，ガム 2 個の代金，$3y$は，あめ 3 個の代金を表している。
したがって，ガム 2 個とあめ 3 個の代金の合計は，400円 未満 であることを表している。

> 「400円より安い」ともいえる。

---

1)方程式と解

式の中の文字に特別な値を代入すると成り立つ等式を， __方程式__ という。
$2x+4=8$は，
$x=2$のとき，左辺$=2×2+4=8$
右辺の値と等しくなり，等式が成り立つから，
$2x+4=8$は __方程式__ である。

> $x=1$のとき，左辺$=2×1+4=6$
> $x=3$のとき，左辺$=2×3+4=10$
> $x=2$のときだけ成り立つ。

このように，方程式を成り立たせる文字の値を，その方程式の __解__ という。上の方程式の解は， 2
また，方程式の解を求めることを，方程式を __解く__ という。

> ポイント
> xについての1次式である方程式の解は1つだけ。

(1) 次の方程式のうち，2が解であるものはどちらですか。
⑦ $4x+7=16$　　㋑ $5x-4=3x$
⑦…左辺$=4× 2 +7= 15$
　　右辺$=16$
㋑…左辺$=5× 2 -4= 6$
　　右辺$=3× 2 = 6$
答 ㋑

等式の性質

> ポイント

__等式の性質__　等式については，次のことがいえる。

① 等式の両辺に同じ数をたしても，等式は成り立つ。
$A=B$ ならば，$A+C=B+ C$
② 等式の両辺から同じ数をひいても，等式は成り立つ。
$A=B$ ならば，$A-C=B- C$
③ 等式の両辺に同じ数をかけても，等式は成り立つ。
$A=B$ ならば，$A×C=B× C$
④ 等式の両辺を同じ数でわっても，等式は成り立つ。
$A=B$ ならば，$\dfrac{A}{C}=\dfrac{B}{C}$ $(C≠0)$

> 左辺と右辺が等しくないことは，記号≠を使って表す。
> $C≠0$…Cは0でない。

(3)等式の性質を使って方程式を解く

等式の性質を使って，方程式を$x=$数の形にすれば，解が求められる。

> ポイント
> 左辺の数の項を0にする！

> つり合ったまま！

(1) $x-5=-2$
$x-5 +5=-2 +5$
$x= 3$

> 左辺をxだけにするため，両辺に5をたす。

(2) $x+9=3$
$x+9 -9=3 -9$
$x= -6$

> 左辺をxだけにするため，両辺から9をひく。

> ポイント
> 左辺のxの係数を1にする！

(3) $\dfrac{x}{3}=-4$
$\dfrac{x}{3}× 3=-4 ×3$
$x= -12$

> 左辺をxだけにするため，両辺に3をかける。

(4) $4x=-24$
$4x÷ 4=-24÷ 4$
$x= -6$

> 左辺をxだけにするため，両辺を4でわる。

> 両辺に$\dfrac{1}{4}$をかけると考えてもよい。
> $4x×\dfrac{1}{4}=-24×\dfrac{1}{4}$

うっかりミス

(5) $-\dfrac{2}{3}x=6$

$-\dfrac{2}{3}x×\dfrac{3}{2}=6×\dfrac{3}{2}$ ← 両辺に$\dfrac{3}{2}$をかけると，
$x=9$

> $-x=\sim$の形になってしまう。
> xの係数が負の数のときは，両辺にその負の数の逆数をかける。

解きなおし

> 左の方程式を正しく解きましょう。

$-\dfrac{2}{3}x=6$

$-\dfrac{2}{3}x×\left(-\dfrac{3}{2}\right)=6×\left(-\dfrac{3}{2}\right)$

$x=-9$

(1)移項

次の方程式を解くと,

$$3x-9=6$$
$$3x-9+9=6+9 \quad \text{両辺に9をたす。}$$
$$3x=6+9$$
$$3x=15 \quad \text{両辺を3でわる。}$$
$$x=5$$

上の方程式の解き方で〜〜〜の
2つの式を比べると，-9 が $+9$
と，符号が変わって右辺に移った
形になっている。

$$\boxed{\begin{array}{l}3x-9=6 \\ \\ 3x=6+9\end{array}}$$

このように，等式の一方の辺にある項を，その項の符号を変えて，
他方の辺に移すことを 移項 という。

等式の性質①と④
を使って……

行こう！ 変身！
移項

移項は等式の性質を
使っていることと同じ。
$4x+3=-13$
$4x+3-3=-13-3$
$4x=-13-3$

(2)移項して方程式を解く

左辺の数の項は右辺に移項する。
右辺のxの項は左辺に移項する。

(1) $4x+3=-13$
$$4x=-13-3 \quad \text{左辺の+3を右辺に移項する。}$$
$$4x=-16 \quad \text{右辺をまとめる。}$$
$$x=-4 \quad \text{両辺を}x\text{の係数でわる。}$$

(2) $8x=3x-15$
$$8x-3x=-15 \quad \text{右辺の3}x\text{を左辺に移項する。}$$
$$5x=-15 \quad \text{左辺をまとめる。}$$
$$x=-3 \quad \text{両辺を}x\text{の係数でわる。}$$

移項するときは，
必ずその符号を
変える。

(3)方程式の解き方

方程式は基本的に次のようにして解く。

方程式の解き方

①文字の項を左辺に，数の項を
　右辺に移項する。　　　　　$4x-2=x+7$
　　　　　　　　　　　　　→ $4x-x=7+2$
②$ax=b$の形にする。　　　→ $3x=9$
③両辺をxの係数aでわる。→ $x=3$

文字は左に，
数は右に！

(1) $x+8=-3x+4$
$$x+3x=4-8 \quad +8, -3x\text{を移項する。}$$
$$4x=-4 \quad ax=b\text{の形にする。}$$
$$x=-1 \quad \text{両辺を}x\text{の係数でわる。}$$

xの係数が
正になる！

xの項を右辺に，数の項
を左辺に移項してもよい
$4-2x=5x-2$
$4+2=5x+2x$
$6=7x$
$\frac{6}{7}=x$
$A=B$ならば$B=A$なので
$x=\frac{6}{7}$

(2) $4-2x=5x-2$
$$-2x-5x=-2-4 \quad 4, 5x\text{を移項する。}$$
$$-7x=-6 \quad ax=b\text{の形にする。}$$
$$x=\frac{6}{7} \quad \text{両辺を}x\text{の係数でわる。}$$

(3) $x+3=3-2x$
$$x+2x=3-3 \quad +3, -2x\text{を移項する。}$$
$$3x=0 \quad ax=b\text{の形にする。}$$
$$x=0 \quad \text{両辺を}x\text{の係数でわる。}$$

$ax=0$の解は，aの
値が 0 以外のどんな
数であっても，$x=0$
である。

ウッカリミス？

(4) $2-7x=-5x+12$
$$7x+5x=12-2 \quad \text{← 左辺の文字の項は, 7}x\text{ではなく} \\ -7x\text{である。} \\ \text{項は符号をふくめて考える。}$$
$$12x=10$$
$$x=\frac{5}{6} ✓$$

解きなおし
左の方程式を正しく解く
$2-7x=-5x+12$
$-7x+5x=12-2$
$-2x=10$
$x=-5$

---

(1)かっこのある方程式

かっこがある方程式は，分配 法則を利用して，
かっこをはずしてから解く。

(1) $3(x-1)=2x+3$
$$3x-3=2x+3 \quad \text{かっこをはずす。}$$
$$3x-2x=3+3 \quad \text{移項する。}$$
$$x=6 \quad ax=b\text{の形にする。}$$

ポイント
分配法則
$a(b+c)=ab+ac$
$a(b-c)=ab-ac$

かっこを
はずす。

(2)小数，分数をふくむ方程式

小数をふくむ方程式は，両辺に10, 100, …をかけて，
係数を 整数 にしてから解く。

(1) $0.5x-1.5=0.25x+1$
$$50x-150=25x+100 \quad \text{両辺に100をかけて, 係数を整数にする。}$$
$$50x-25x=100+150 \quad \text{移項する。}$$
$$25x=250 \quad ax=b\text{の形にする。}$$
$$x=10 \quad \text{両辺を}x\text{の係数でわる。}$$

小数点以下のけた数が
最大のものが整数になる
ように，何倍にすればよい
か考える。

整数の項にかけ
忘れてはダメ！

分数をふくむ方程式は，両辺に分母の 最小公倍数 をかけて，
分数をふくまない方程式にしてから解く。
このようにして，分数をふくまない方程式に直すことを，
分母を はらう という。

(2) $\dfrac{3x+2}{2}=\dfrac{2x-7}{3}$
$$\dfrac{3x+2}{2}\times 6=\dfrac{2x-7}{3}\times 6 \quad \text{両辺に分母の最小公倍数をかける。}$$
$$(3x+2)\times 3=(2x-7)\times 2 \quad \text{分母をはらう。}$$
$$9x+6=4x-14 \quad \text{かっこをはずす。}$$
$$5x=-20 \quad ax=b\text{の形にする。}$$
$$x=-4$$

分母を
はらう！
分子

分母をはらうとき，
2つの項の式には
かっこをつける。

これまでの方程式のように，移項して整理すると，

$$ax+b=0 \quad (a\neq 0)$$

の形になる方程式を，1 次方程式 という。

(3)比例式とその性質

2つの比 $a:b$ と $c:d$ が等しいことを，$a:b=c:d$ と表し，
このような比が等しいことを表す式を，比例式 という。

比例式 $a:3=b:4$ は，右のように変形でき，
次のようになることがわかる。

$a:3=b:4$
外側の項の積
$a:3=b:4 → 4a=3b$
内側の項の積

$$\begin{array}{l}a:3=b:4 \\ \dfrac{a}{3}=\dfrac{b}{4} \\ \dfrac{a}{3}\times 12=\dfrac{b}{4}\times 12 \\ 4a=3b\end{array}$$

比 $a:b$ で，
a, bを比の値とい…
$\dfrac{a}{b}$を比の値という

このことから，比例式では次のことが成り立つ。

比例式の性質

$$a:b=c:d \ \ \text{ならば} \ \ ad=bc$$

ポイント！

比例式にふくまれる
文字の値を求めるこ
と比例式を解くという。

(4)比例式を解く

比例式の性質を使って，方程式をつくって解く。

(1) $x:20=7:4$
$$4x=140 \quad a:b=c:d\text{ならば}ad=bc$$
$$x=35$$

かけオをまちがえ
$x:20=7:4$
$7x=80$

(2) $(x+10):18=x:6$
$$6(x+10)=18x \quad a:b=c:d\text{ならば}ad=bc$$
$$6x+60=18x \quad \text{かっこをはずす。}$$
$$-12x=-60 \quad ax=b\text{の形にする。}$$
$$x=5$$

$(x+10)$は
ひとまとまりの
式にする。

1)方程式の利用

方程式を使って問題を解くときは、次のようにする。

解き方の手順

① 方程式をつくる………問題の内容を整理し、何を x を使って表すか決め、等しい数量関係を見つけて、方程式をつくる。

② 方程式を解く

③ 解 を検討する………解が問題にあてはまるかどうか調べる。

ふつうは 求めるものを x とする!

---

(1) 1個60円のみかんと1個140円のりんごを合わせて15個買ったら、代金の合計が1300円でした。それぞれ何個買いましたか。

みかんの個数を x 個とすると、りんごの個数は、
 $15-x$ 個とせる。

(みかんの代金)+(りんごの代金)=(代金の合計)だから、

方程式は、$60x + 140(15-x) = 1300$

これを解いて、$x= 10$ ← この解は問題にあっている。

りんごの個数は、$15 - 10 = 5$ (個)

答 みかん 10 個、りんご 5 個

> みかんの代金は、
> $60×10=600$ (円)
> りんごの代金は、
> $140×(15-10)=700$ (円)
> 代金の合計は、
> $600+700=1300$ (円)
> だから、$x=10$ は問題にあっている。

---

(2) 何人かに鉛筆を配るのに、1人に5本ずつでは12本たりず、1人に4本ずつでは15本余ります。配る人数は何人ですか。

配る人数を x 人として、2通りの配り方のときの鉛筆の本数を式に表すと、

5本ずつ配るとき…$5x -12$ (本)
4本ずつ配るとき…$4x +15$ (本) ← 鉛筆の本数は等しい。

方程式は、$5x -12 = 4x +15$

これを解いて、$x= 27$ ← この解は問題にあっている。

答 27 人

> 鉛筆の本数は、
> 1人に5本ずつ配るとき、
> $5×27-12=123$ (本)
> 1人に4本ずつ配るとき、
> $4×27+15=123$ (本)
> だから、$x=27$ は問題にあっている。

---

(3) 妹が家を出てから8分後に、兄は家を出て妹を追いかけました。妹は分速60m、兄は分速90mで歩くとすると、兄は家を出てから何分後に妹に追いつきますか。

兄が家を出てから x 分後に追いつくとすると、妹の歩いた時間は、$8+x$ (分)と表せる。

追いついたとき、2人の歩いた道のりは等しいから、方程式は、

$90x = 60(8+x)$

これを解いて、$x= 16$ ← この解は問題にあっている。

答 16 分後

> 兄が歩いた道のりは、
> $90×16=1440$ (m)
> 妹が歩いた道のりは、
> $60×(8+16)=1440$ (m)
> だから、$x=16$ は問題にあっている。

---

(2)比例式の利用

求めるものを x として、等しい比を見つけて比例式で表す。

(1) 1mのテープを、姉と妹で長さの比が3:2になるように分けるとき、姉の長さは何cmになりますか。

全体の長さは、$3+2=5$ で5にあたる。

姉のテープの長さを x cmとすると、全体の長さと姉の長さの比を考えて、比例式は、

$100 : x = 5 : 3$

$5 \ x = 300$

$x= 60$

答 60 cm

> わかっているのは全体の長さだから、全体と姉の長さの比を考える。

> 道のり＝速さ×時間
> 速さ＝道のり÷時間
> 時間＝道のり÷速さ
> 覚える!

---

(3)解から別の文字の値を求める

方程式に解を代入し、別の文字について解く。

(1) x についての方程式 $6x-8=a+2x$ の解が3のとき、a の値を求めなさい。

$6x-8=a+2x$ に $x=3$ を代入して、

$6× 3 -8=a+2× 3$

$a= 4$

> a についての方程式とみて解けばよい。

関数

周の長さが18cmの長方形の横の長さは、縦 の長さにともなって変わり、縦 の長さを決めると、横の長さはただ1つに決まる。

縦の長さを x cm、横の長さを y cmとすると、y は x にともなって変わり、下の表のようにいろいろな値をとる。

> 縦と横の長さの和は、
> $18÷2=9$ (cm)
> だから、x と y の関係を式に表すと、
> $y=9-x$

x (cm)	1	2	3	4	5	6	7	8
y (cm)	8	7	6	5	4	3	2	1

このx, yのように、いろいろな値をとる文字を 変数 という。

また、ともなって変わる2つの変数x, yがあって、xの値を決めると、それにともなって、yの値がただ1つに決まるとき、yはxの 関数 であるという。

1辺が x cmの正方形の面積 y cm²
→x の値を決めると、y の値がただ1つに決まるから、y は x の 関数 である。

身長 x cmの人の体重 y kg
➡関数ではない!

変域

変数のとりうる値の範囲を 変域 といい、次のように不等号を使って表す。

x の変域が、

0以上8以下
→$0≦x ≦ 8$

0より大きく8未満
→$0<x < 8$

> 不等号の使い方
> a は0以上…$a≧0$
> a は0以下…$a≦0$
> a は0より大きい…$a>0$
> a は0未満…$a<0$

●はその数をふくむ。
○はその数をふくまない。

---

(3)比例の式

分速70mで歩くときの、歩いた時間 x 分と歩いた道のり y mの関係は、次の式で表せる。

$y=70x$

> 道のり＝速さ×時間

上の式の70のように、決まった数のことを 定数 という。

また、y が x の関数で、$y=ax$ (a は定数)で表されるとき、y は x に 比例する といい、定数 a を 比例定数 という。

$$y=ax$$
↑
比例定数

> **ポイント**
> x と y の関係が、$y=$ (定数)×x の形で表されれば、y は x に比例するといえる。

(4)比例の性質

比例 $y=ax$ では、変数x, yの値や比例定数が負の数になることもあるが、正の数のときと同じく、次の性質が成り立つ。

① x の値が2倍、3倍、4倍、…になると、y の値も 2倍、3倍、4倍、…になる。

② 商 $\dfrac{y}{x}$ ($x≠0$)の値は 一定 で、比例定数 a に 等しい 。

> 比例の性質は小学校のときに習ってる!

これ私

(5)比例の式の求め方

$y=ax$ に x, y の値を代入し、a の値を求める。

> **ポイント**
> x と y の値が1組わかれば、比例の式が求められる。

(1) y は x に比例し、$x=3$ のとき $y=-9$ です。y を x の式で表しなさい。

$y=ax$ とおき、$x=3$, $y=-9$ を代入して、

$-9 =a× 3 →a= -3$

したがって、式は、$y= -3x$

> 比例定数は分数や小数になることもある。

変数 x の変域に、$0≦x≦10$ のような制限があるときは、

$y=-3x$ ($0≦x≦10$) のように書くこともある。

21 座標と比例のグラフ（56～57ページ）の答え

(1)座標

負の数も範囲に入れて点の位置を
決めるには、それぞれの原点で直
角に交わっている2つの数直線を
考える。
このとき、
横の数直線を x 軸 、
縦の数直線を y 軸 、
両方合わせて 座標軸 、座標軸の交点Oを 原点 という。

横軸が x 軸！
縦軸が y 軸！

右上の図の点Pは、$x=4, y=2$に対応している。
この点を P(4 , 2)と表し、この(4,2)を
点Pの 座標 という。
そして、4を x 座標 、2を y 座標 という。

P(4 , 2)
　 ↑　 ↑
　x座標　y座標

点Qの座標は、
(-3, -4)

座標に0があるときは、
座標軸上の点!
A(0, 2)なら、
点Aは y軸上。
B(2, 0)なら、
点Bは x軸上。

(2)比例のグラフ

$y=2x$と$y=-2x$のグラフは次のようになる。

$y=2x$

x	…	-3	-2	-1	0	1	2	3	…
y	…	-6	-4	-2	0	2	4	6	…

$y=-2x$

x	…	-3	-2	-1	0	1	2	3	…
y	…	6	4	2	0	-2	-4	-6	…

比例の関係$y=ax$のグラフは、 原点 を通る直線になり、
比例定数aの値によって、次のようになる。
$a>0$…右 上がり の直線になり、xの値が増加すると、yの値も
増加 する。
$a<0$…右 下がり の直線になり、xの値が増加すると、yの値は
減少 する。

$a>0$ 右上がり
右下がり $a<0$

(3)比例のグラフのかき方

$y=ax$のグラフは、原点ともう1点を通る直線をひく。

(1) $y=-\frac{3}{2}x$ のグラフをかき
なさい。

$x=2$のとき、$y=-3$ だから、
原点と点(2 , -3)を通る直線
をひく。

グラフをかきましょう。

ポイント
原点以外のもう
1点の座標を求めれば
グラフがかける

原点を通
るから減点！

(4)比例のグラフから式を求める

$y=ax$に、グラフが通る点の座標を代入してaを求める。

(1) 右は比例のグラフです。
yをxの式で表しなさい。

グラフは、点(-1,3)を通るから、
$y=ax$に$x=-1, y=3$を
代入して、
$3=a\times(-1)$
$a=-3$
したがって、式は、$y=-3x$

ポイント
グラフが通る点
を見つければ、
比例の式にせよ

比例とい

$y=a$

(5)変域に制限があるグラフのかき方

変域内は実線で、変域外は破線でかく。

(1) $y=\frac{1}{2}x (0 \leq x \leq 6)$の
グラフをかきなさい。
$x=4$のとき、$y=2$ だから、
右の図のようになる。

注意
変域の外まで実
のばしてはダメ

---

22 反比例（58～59ページ）の答え

(1)反比例の式

面積が6cm²の平行四辺形の底辺を$x$cm、高さを$y$cmとしたとき、
xとyの関係は下の表のようになる。

x(cm)	1	2	3	4	5	6
y(cm)	6	3	2	1.5	1.2	1

この表から、xとyの関係は、次の式で表せる。

$y=6\div x \rightarrow y=\frac{6}{x}$

平行四辺形の面積
=底辺×高さ
だから、
高さ=面積÷底辺

yがxの関数で、
$y=\frac{a}{x}$ (aは定数)
で表されるとき、yはxに 反比例する といい、
定数aを 比例定数 という。

$y=\dfrac{a}{x}$
比例定数

ポイント
xとyの関係が
$y=\frac{(定数)}{x}$
の形で表せれば、
yはxに反比例する
といえる。

(1) 4kmの道のりを、時速$x$kmで歩いたときにかかる時
間をy時間とするとき、yはxに反比例することを示
しなさい。
時間=道のり÷速さだから、式は、$y=\frac{4}{x}$
したがって、yはxに 反比例 する。

$y=\frac{a}{x}$の形

反比例定数
じゃないんだ！

(2)反比例の性質

反比例$y=\frac{a}{x}$では、変数x, yの値や比例定数が負の数になるこ
ともあるが、正の数のときと同じく、次の性質が成り立つ。
①xの値が2倍、3倍、4倍、…になると、
yの値は $\frac{1}{2}$倍、$\frac{1}{3}$倍、$\frac{1}{4}$倍 、…になる。
②積xyの値は一定で、比例定数aに 等しい 。
つまり、xとyの関係は、$xy=a$とも表せる。

xの位置に注目！

$y=\frac{x}{4}$
↑
比例

$y=\frac{4}{x}$
↑
反比例

(3)反比例の式の求め方

$y=\frac{a}{x}$にx, yの値を代入し、aの値を求める。

(1) yはxに反比例し、$x=3$のとき$y=-2$です。
yをxの式で表しなさい。

$y=\frac{a}{x}$とおき、$x=3, y=-2$を代入して、
$-2=\frac{a}{3} \rightarrow a=-6$

したがって、式は、$y=-\frac{6}{x}$

[別解] $xy=a$とおき、$x=3, y=-2$を代入して、
$3\times(-2)=a \rightarrow a=-6$

したがって、式は、$y=-\frac{6}{x}$

ポイント
xとyの値が
わかれば、
反比例の式が求め
られる。

反比例の式は、
$xy=a$
とおいてもよい。

反比例し
$y=\frac{a}{x}$ ま

(2) yはxに反比例し、$x=2$のとき$y=6$です。$x=-4$の
ときのyの値を求めなさい。

$y=\frac{a}{x}$とおき、$x=2, y=6$を代入して、
$6=\frac{a}{2} \rightarrow a=12$

したがって、式は、$y=\frac{12}{x}$

この式に$x=-4$を代入して、
$y=\frac{12}{-4}=-3$

比例でも反比例
わたしがいくつか
求めればいいのさ

$y=ax$

12

⑴反比例のグラフ

$y=\dfrac{6}{x}$ と $y=-\dfrac{6}{x}$ のグラフは次のようになる。

$y=\dfrac{6}{x}$

x	…	-6	-5	-4	-3	-2	-1	0	1	2	3	4	5	6	…
y	…	-1	-1.2	-1.5	-2	-3	-6	×	6	3	2	1.5	1.2	1	…

$y=-\dfrac{6}{x}$

x	…	-6	-5	-4	-3	-2	-1	0	1	2	3	4	5	6	…
y	…	1	1.2	1.5	2	3	6	×	-6	-3	-2	-1.5	-1.2	-1	…

どんな数も0では
われないから、
xの値が0のときの
yの値はない。

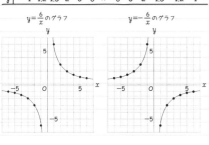

$y=\dfrac{6}{x}$ のグラフ　　$y=-\dfrac{6}{x}$ のグラフ

反比例のグラフは
2つで1つのグラフ！

反比例の関係 $y=\dfrac{a}{x}$ のグラフは、なめらかな2つの曲線になる。

この曲線を　双曲線　という。
また、比例定数aの値によって、グラフの位置は次のようになる。

a＞0…右上と　左下
a＜0…左上と　右下

a＞0のとき　　　a＜0のとき

⑵反比例のグラフのかき方

対応するx，yの値の組を求め、それらの値の組を座標とする点をとり、なめらかな2つの曲線で結ぶ。

⑴ $y=\dfrac{8}{x}$ のグラフをかきなさい。

x、yの値が整数になるような値の組を求めるとよい。

対応するx，yの値を求めると、次のようになる。

✐グラフを完成させましょう。

x	-8	-4	-2	-1	0
y	-1	-2	-4	-8	×

1	2	4	8
8	4	2	1

対応する点をとり、曲線で結ぶ。

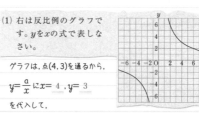

注意
グラフは、x軸や
y軸とは交わらない。
また、なめらかな曲線
でかく。

y軸　くっついちゃ
　　　ダメ！

⑶反比例のグラフから式を求める

$y=\dfrac{a}{x}$ に、グラフが通る点の座標を代入してaを求める。

⑴ 右は反比例のグラフです。yをxの式で表しなさい。

グラフの通る点は、点(4,3)だけでなく、点(6,2)、点(3,4)などでもよい。

グラフは、点(4,3)を通るから、

$y=\dfrac{a}{x}$ に $x=$ 4 , $y=$ 3
を代入して、

$3=\dfrac{a}{4}$ →$a=$ 12 　したがって、式は、$y=\dfrac{12}{x}$

ポイント
グラフが通る点の座標を見つければ、反比例の式にませる。

比例と反比例の利用

比例や反比例を利用する問題は、次のようにして解く。

き方の手順

①ともなって変わる2つの量の関係が比例になるか、反比例になるか調べる。

②比例なら、$y=$ ax ，反比例なら、$y=\dfrac{a}{x}$ とおく。

③対応するx，yの値を代入して、a の値を求める。

④yをxの式で表し、その式にxまたはyの値を代入して、yまたはxの値を求める。

またまた登場！

$y=ax$　$y=\dfrac{a}{x}$

長さが2倍、3倍、…になると、重さも2倍、3倍、…になるから、重さは長さに比例する。

⑴ 針金6mの重さをはかったら、78gありました。同じ針金35mの重さは何gですか。

針金xmの重さをygとすると、yはxに　比例　するから、

$y=ax$とおき、$x=$ 6 ，$y=$ 78 を代入して、

$78=a×$ 6 →$a=$ 13

したがって、式は、$y=$ 13x

この式に$x=$ 35 を代入して、

$y=$ 13 × 35 $=455$

答　455 g

aの値は、針金1mの重さを表している。

⑵ 分速80mで歩くと15分かかる道のりを、分速150mで自転車で行くと、何分かかりますか。

分速xmで行くと、到着するのにy分かかるとすると、

$x×y=$ 80 × 15 $=1200$

したがって、式は、$y=\dfrac{1200}{x}$

この式に$x=$ 150 を代入して、

$y=\dfrac{1200}{150}=8$

答　8 分

x×yの値は、道のりを表している。

$y=\dfrac{a}{x}$ の形になるので、時間は速さに反比例することがわかる。

⑵比例のグラフの利用

x軸に時間、y軸に道のりをとった速さの関係をグラフに表すと、いろいろなことを読み取ることができる。

⑴ 兄と弟が家を同時に出発して、家から600m離れた駅に、兄は分速75m、弟は分速50mで歩きました。右のグラフは、2人が家を出発してからx分後の家からの道のりをymとして、兄の歩くようすを示したものです。
①弟の歩くようすを表すグラフをかき入れなさい。
②弟が駅に到着したのは、兄が到着してから何分後ですか。

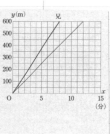

①弟の歩く速さは分速50mだから、道のり＝速さ×時間より、式は、

$y=$ 50 x　と表せる。

この式に、$x=10$を代入すると、

$y=$ 50 × 10 $=500$

だから、原点と点(10 , 500)を通る直線をひく。

✐弟の歩くようすを表すグラフをかき入れましょう。

一定の速さで進むとき、時間と道のりの関係を表すグラフは、yはxに比例し、比例定数は速さになる。

②グラフから、駅までの600mを歩くのにかかる時間は、兄は 8 分、兄は 12 分とわかる。

したがって、弟が到着したのは、兄が到着してから

4 分後。

答　4 分後

代入するxの値は、ほかの値でもよい。

ほかにも、グラフから次のようなことが読み取れる。
・家を出発してから4分後、2人は 100 m離れている。
・2人が150m離れるのは、家を出発してから 6 分後。
・兄が駅に到着したとき、弟は駅の手前 200 mの地点にいる。

やっと着いたね弟よ。

(1)直線

まっすぐに限りなくのびている線を 直線 ，
直線の一部分で，両端のあるものを 線分 ，
1点を端として一方にだけのびているものを 半直線 という。

両端があれば
線分！
1端だけなら
半直線！

直線 AB　　　　　線分 AB　　　　半直線 AB

1点を通る直線は何本もあるが，
2点を通る直線は 1 本しかない。

2点AB を結ぶ線分AB の長さを，
2点A，B間の 距離 という。
また，ABと書いて，線分ABの長さ
を表すことがある。

5 cm
距離
AB＝5 cm と表す。

ポイント
2点間の最短の線
の長さが距離！

(2)角の表し方

右の図の角を，記号 ∠ を使って，
∠ABCと表す。
頂点をまん中に書く。

また，∠ABCと書いて，∠ABCの大きさ
を表すことがある。
∠ABC＝35° と表す。

35°
頂点

まぎらわしくなければ，
∠Bと表してもよい。

(1) 右の図で，⑦の角を，記号と
文字を使って表しなさい。

角の頂点は C で，辺はACとCDだから，
∠ACD と表す。

点Cのように，2つの線が交わる点を 交点 という。

注意！
∠Cとしてはダメ！
∠ACD か ∠DCB の
どちらかわからない。

(3)垂直と平行

2直線AB，CDが交わってできる角が直角
であるとき，ABとCDは 垂直 であると
いい，
AB ⊥ CD と表す。

また，2直線ABとCDが垂直であるとき，
一方を他方の 垂線 という。

AB は CD の垂線
CD は AB の垂線

右の図で，線分CHの長さを，点Cと直線l
との 距離 という。

2直線AB，CDが交わらないとき，
ABとCDは 平行 であるといい，
AB // CD と表す。

平行を表す記号

2直線l，mが平行であるとき，直線l上の
点Pと直線mとの距離を，
平行な2直線l，m間の 距離 という。

(4)三角形

3点A，B，Cを頂点とする三角形ABCを，
△ABCと表す。

右の図の二等辺三角形で，
辺ABと辺ACの長さが等しいことを，
AB＝ AC と表す。
また，∠ABCと∠ACBの大きさが等しいことを，
∠ABC＝ ∠ACB と表す。

垂直！

垂線のかき方

平行！

平行な直線のかき方

垂直，平行，等…
はみんな記号

l // m

(1)平行移動

図形を，形や大きさを変えずに他の位置に移すことを 移動 と
いう。
図形を，一定の方向に，一定の 距離 だけ動かす移動を平行移動
という。

形や大きさが変わらない
から，移動してできた図形
ともとの図形は合同

右の図で，△PQRは△ABCを平行
移動したものである。対応する点
を結んだ線分の間には，次の関係
がある。
AP//BQ// CR
AP＝BQ＝ CR

平行移動では，対応する点を結ぶ線分は，平行 で，その長さは
等しい 。

合同と同じように，
移動によって移った
点と，もとの点を
対応する点という。

方眼を使わずにかくとき
は，点A，点B，点Cを通る
平行な直線をひき，
AP＝BQ＝CRとなる
点P，点Q，点Rをとって
かく。

(2)回転移動

図形を，1つの点を中心として，一定の 角度 だけ回転させる移動
を回転移動という。
このとき，中心とした点を，回転の中心 という。

回転移動！

右の図で，△PQRは△ABCを，点O
を回転の中心として回転移動したも
のである。
図から，次のことがいえる。
OA＝OP，OB＝ OQ
OC＝ OR
∠AOP＝∠BOQ＝ ∠COR

OA と OP，OB と OQ，
OC と OR は，それぞれ
同じ円の半径だから
長さは等しい。

回転移動では，対応する点は，回転の中心から 等しい 距離に
あり，対応する点と回転の中心を結んでできる角はすべて
等しい 。

右の図で，△PQRは△ABCを，点
Oを回転の中心として 180 度回
転移動したもので，対応する点
と回転の中心は，それぞれ1つの
直線上にある。

このように，回転移動の中で，180°の回転移動を，
点対称移動 という。

点対称移動は
小学校でも
習った！

(3)対称移動

図形を，1つの直線を折り目として折り返す移動を対称移動と
いう。
このとき，折り目の直線を 対称の軸 という。

右の図で，△PQRは△ABCを，直
線lを対称の軸として対称移動し
たものである。図から，次のこと
がいえる。
AL＝PL，BM＝ QM ，
CN＝ RN
AP⊥l，CR ⊥ l，BQ ⊥ l

対称移動では，対応する点を結ぶ線分は，対称の軸によって，
垂直 に 2 等分される。

線対称も
小学校で
習った！

方眼を使わない
ときは，
点A，点B，点C から
直線lに垂線をひき，
AL＝PL，BM＝QM，
CN＝RNとなる
点Q，点Rをとって
かく。

(4)中点と垂直二等分線

線分の両端からの距離が等しい線分
上の点を，その線分の 中点 という。
線分の中点を通り，その線分と垂直
に交わる直線を 垂直二等分線 と
いう。

←垂直二等分線

中点

対称移動の
対称の軸は，
対応する点を結ぶ
線分の垂直二等
分線になっている
といえる。

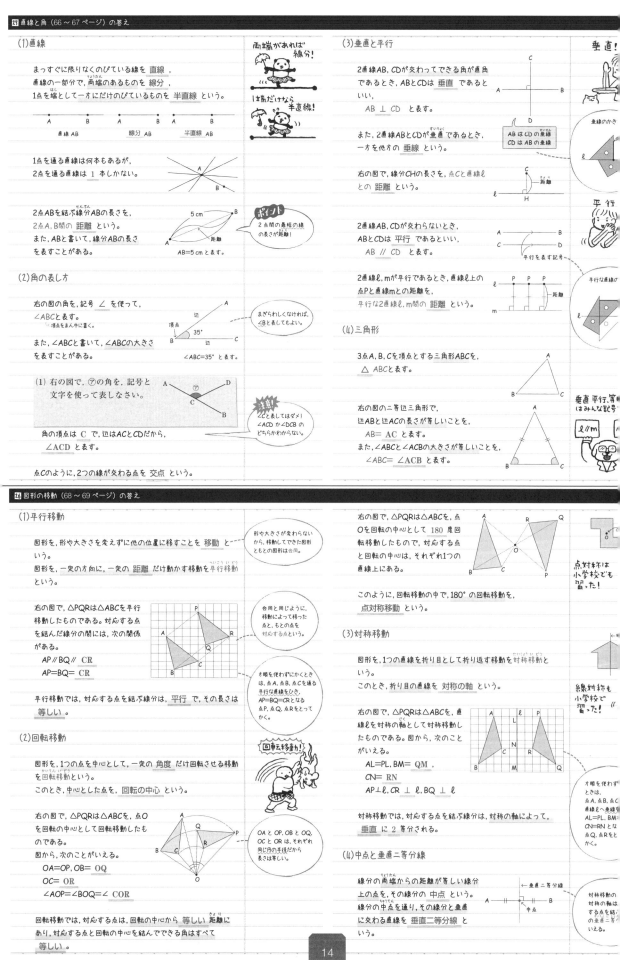

垂直二等分線

線分ABの垂直二等分線は、次のようにしてかく。

垂直二等分線の作図

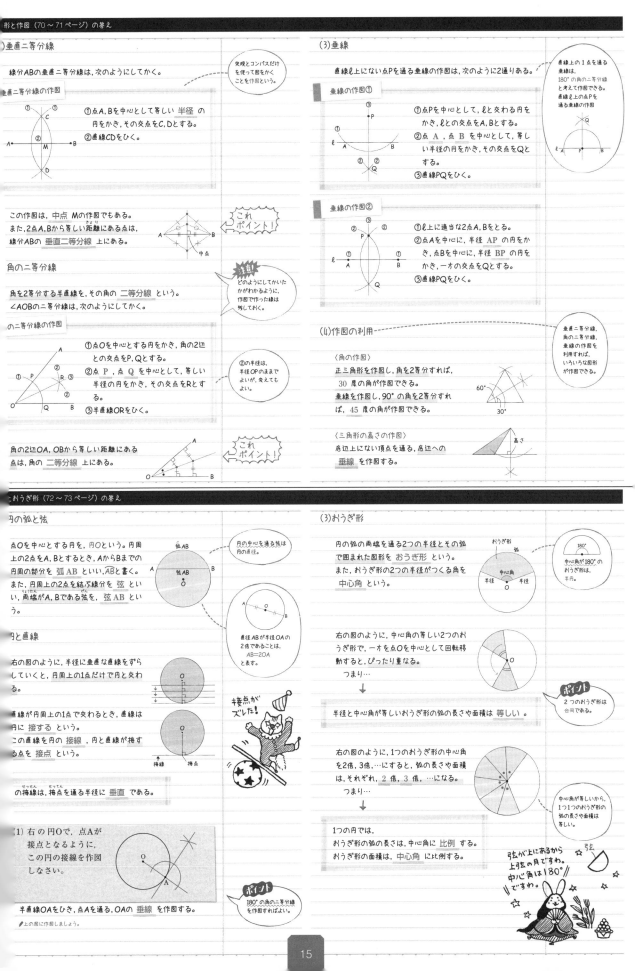

①点A、Bを中心として等しい **半径** の
円をかき、その交点をC、Dとする。
②**直線CD** をひく。

> 定規とコンパスだけ
> を使って図をかく
> ことを作図という。

この作図は、**中点** Mの作図でもある。
また、2点A、Bから等しい距離にある点は、
線分AB の **垂直二等分線** 上にある。

> これ
> ポイント！

角の二等分線

角を2等分する半直線を、その角の **二等分線** という。
∠AOBの二等分線は、次のようにしてかく。

> どのようにしてかいた
> かがわかるように、
> 作図で作った線は
> 残しておく。

角の二等分線の作図

①点Oを中心とする円をかき、角の2辺
との交点をP、Qとする。
②点 **P**、点 **Q** を中心として、等しい
半径の円をかき、その交点をRとす
る。
③半直線ORをひく。

> ②の半径は、
> 半径OPのままで
> よいが、変えても
> よい。

角の2辺OA、OBから等しい距離にある
点は、角の **二等分線** 上にある。

> これ
> ポイント！

（3）垂線

直線ℓ上にない点Pを通る垂線の作図は、次のように2通りある。

> 直線上の1点を通る
> 垂線は、
> 180°の角の二等分線
> と考えて作図できる。
> 直線ℓ上のPを
> 通る垂線の作図

垂線の作図①

①点Pを中心として、ℓと交わる円を
かき、ℓとの交点をA、Bとする。
②点 **A**、点 **B** を中心として、等し
い半径の円をかき、その交点をQと
する。
③直線PQをひく。

垂線の作図②

①ℓ上に適当な2点A、Bをとる。
②点Aを中心に、半径 **AP** の円をか
き、点Bを中心に、半径 **BP** の円を
かき、一方の交点をQとする。
③直線PQをひく。

（4）作図の利用

> 垂直二等分線、
> 角の二等分線、
> 垂線の作図を
> 利用すれば、
> いろいろな図形
> が作図できる。

〈角の作図〉

正三角形を作図し、角を2等分すれば、
30 度の角が作図できる。
垂線を作図し、90°の角を2等分すれ
ば、**45** 度の角が作図できる。

〈三角形の高さの作図〉

底辺上にない頂点を通る、底辺への
垂線 を作図する。

円の弧と弦

点Oを中心とする円を、円Oという。円周
上の2点をA、Bとするとき、AからBまでの
円周の部分を **弧AB** といい、⌒AB と書く。
また、円周上の2点を結ぶ線分を **弦** とい
い、両端がA、Bである弦を、**弦AB** とい
う。

> 円の中心を通る弦は
> 円の直径。

> 直径ABが半径OAの
> 2倍であることは、
> AB＝2OA
> とも表す。

円と直線

右の図のように、半径に垂直な直線をずら
していくと、円周上の1点だけで円と交わ
る。

直線が円周上の1点で交わるとき、直線は
円に **接する** という。
この直線を円の **接線**、円と直線が接す
る点を **接点** という。

> 接点が
> ズレた！

円の接線は、接点を通る半径に **垂直** である。

（1）右の円Oで、点Aが
接点となるように、
この円の接線を作図
しなさい。

半直線OAをひき、点Aを通る、OAの **垂線** を作図する。

> ポイント
> 180°の角の二等分線
> を作図すればよい。

▶上の図に作図しましょう。

（3）おうぎ形

円の弧の両端を通る2つの半径とその弧
で囲まれた図形を **おうぎ形** という。
また、おうぎ形の2つの半径がつくる角を
中心角 という。

> 中心角が180°の
> おうぎ形は、
> 半円。

右の図のように、中心角の等しい2つのお
うぎ形で、一方を点Oを中心として回転移
動すると、ぴったり重なる。
つまり…

半径と中心角が等しいおうぎ形の弧の長さや面積は **等しい**。

> ポイント
> 2つのおうぎ形は
> 合同である。

右の図のように、1つのおうぎ形の中心角
を2倍、3倍、…にすると、弧の長さや面積
は、それぞれ **2 倍**、**3 倍**、…になる。
つまり…

1つの円では、
おうぎ形の弧の長さは、中心角に **比例** する。
おうぎ形の面積は、**中心角** に比例する。

> 中心角が等しいから、
> 1つ1つのおうぎ形の
> 弧の長さや面積は
> 等しい。

> 弦が上にあるから
> 上弦の月ですわ。
> 中心角は180°
> ですわ。

(1)円の周の長さと面積

円周率は π で表す。

円周率にπを使うと，円の周の長さと面積は，次のように表すことができる。

円周率は，
円周の直径に対する
割合のこと。
円周率＝円周／直径

円の周の長さと面積

半径rの円の周の長さをℓ，面積をSとすると，

円の周の長さ　$\ell = 2\pi r$
　　　　　　　直径(半径×2)×円周率

面積　　　　$S = \pi r^2$
　　　　　　　半径×半径×円周率

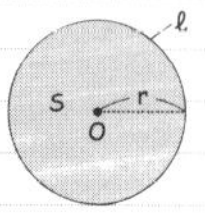

πは決まった数を
表す文字だから，
文字式では数と同じ
ようにあつかい，
数のあと，文字の前
に書く。

(1) 半径4cmの円の周の長さと面積を求めなさい。

円周の長さは，$2\pi \times 4 = 8\pi$ (cm)

面積は，$\pi \times 4^2 = 16\pi$ (cm²)

(2)おうぎ形の弧の長さと面積

1つの円ではおうぎ形の弧の長さや面積は，中心角 に比例する。
右の図のように，中心角が60°のおうぎ形の弧の長さや面積は，同じ半径の円の周の長さや面積の $\frac{60}{360}$ 倍である。
中心角が45°のおうぎ形では，弧の長さや面積は，同じ半径の円の周の長さや面積の $\frac{45}{360}$ 倍である。

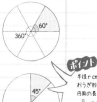

ポイント
半径r cm，中心角a°の
おうぎ形の弧の長さは，
円周の長さ 2πr cm の
$\frac{a}{360}$倍になり，
面積は，円の面積
πr²cm²の $\frac{a}{360}$ 倍に
なるということ。

このことから，次の公式が成り立つ。

おうぎ形の弧の長さと面積

半径r，中心角a°のおうぎ形の弧の長さをℓ，面積をSとすると，

弧の長さ　$\ell = 2\pi r \times \dfrac{a}{360}$

面積　　　$S = \pi r^2 \times \dfrac{a}{360}$

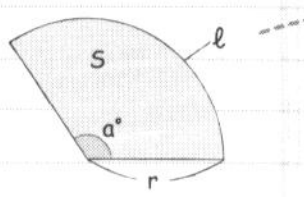

おうぎ形の面積は
$S = \frac{1}{2}\ell r$
で求めることもでき

公式 ヒント
どっちでも
求められる。

また，比例式を使って表すと，次のようにいえる。

半径の等しい円とおうぎ形では，
(おうぎ形の弧の長さ)：(円周の長さ)＝(中心角)：360
(おうぎ形の面積)：(円の面積)＝(中心角)：360

(1) 半径5cm，中心角45°のおうぎ形の弧の長さと面積を求めなさい。

弧の長さは，$2\pi \times 5 \times \dfrac{45}{360} = \dfrac{5}{4}\pi$ (cm)

面積は，$\pi \times 5^2 \times \dfrac{45}{360} = \dfrac{25}{8}\pi$ (cm²)

比例式を使って解く
こともできる。
弧の長さを x cm
とすると，
$x:10\pi=45:3$
面積を x cm² とす
ると，
$x:25\pi=45:3$

(2) 半径6cm，弧の長さが4πcmのおうぎ形の中心角を求めなさい。

半径6cmの円の周の長さは，$2\pi \times 6 = 12\pi$ (cm)
だから，中心角をx°として比例式に表すと，

$4\pi : 12\pi = x : 360$
$12\pi \times x = 4\pi \times 360$
$x = 120$　　　　　　　　　答　120°

公式を使って解く
こともできる。
中心角を x° とすると
$\ell = 2\pi r \times \frac{x}{360}$
だから，
$4\pi = 2\pi \times 6 \times$

$a:b=c:d$
ならば，
$ad=bc$

(1)角錐と円錐

右の図で，ア，イのような立体を 角柱 ，ウのような立体を 円柱 ，エのような立体を 球 という。

オ，カのような立体を 角錐 ，キのような立体を 円錐 という。

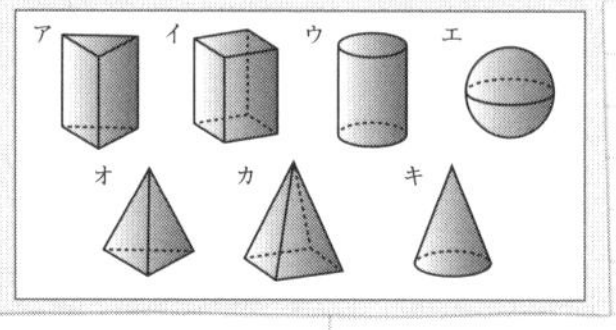

角錐や円錐でも，右の図のように底面と 側面 がある。
また，図の点Aを，角錐や円錐の 頂点 という。

角錐で，底面が三角形，四角形，…のものを，それぞれ 三角錐 ，四角錐 ，…といい，底面が正三角形，正方形，…で，側面がすべて合同な二等辺三角形であるものを，それぞれ 正三角錐 ，正四角錐 ，…という。

角柱のうち，底面が
正三角形，正方形，…
であるものを，それぞれ，
正三角柱，正四角柱，…
という。

(2)正多面体

平面だけで囲まれた形を 多面体 という。そのうち，右の図のように，すべての面が合同な正多角形で，どの頂点にも面が同じ数だけ集まっている，へこみのない多面体を 正多面体 という。
正多面体は，5 種類しかない。

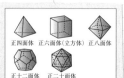
正四面体　正六面体(立方体)　正八面体
正十二面体　正二十面体

	面の形	面の数	辺の数	頂点の数
正四面体	正三角形	4	6	4
正六面体(立方体)	正方形	6	12	8
正八面体	正三角形	8	12	6
正十二面体	正五角形	12	30	20
正二十面体	正三角形	20	30	12

ゴロ 名前の覚え方
二十歳からは
三十
自由に しろや！
十二 四六八

(3)立体の展開図

角柱の展開図…2つの底面は 合同 な多角形で，側面は横につなぐと 長方形 になる。

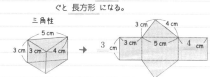
三角柱

角錐の展開図…底面は多角形で，側面は 三角形 。

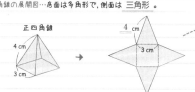
正四角錐

円柱の展開図…2つの底面は合同な円で，側面は 長方形 になる。

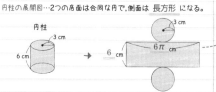
円柱

円錐の展開図…底面は 円 で，側面は おうぎ形 になる。

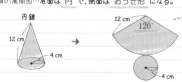
円錐

展開図はセリ方
によっていろいろ

正四角錐なので
底面は正方形で
側面は二等辺三

側面の長方形の
長さは，底面の
まわりの長さに等しい。

側面のおうぎ形の
長さは，底面の円
の…さに等しい。
半径12cmのお
中心角を x° として
$(2\pi \times 4):(2\pi \times$
$= x:360$

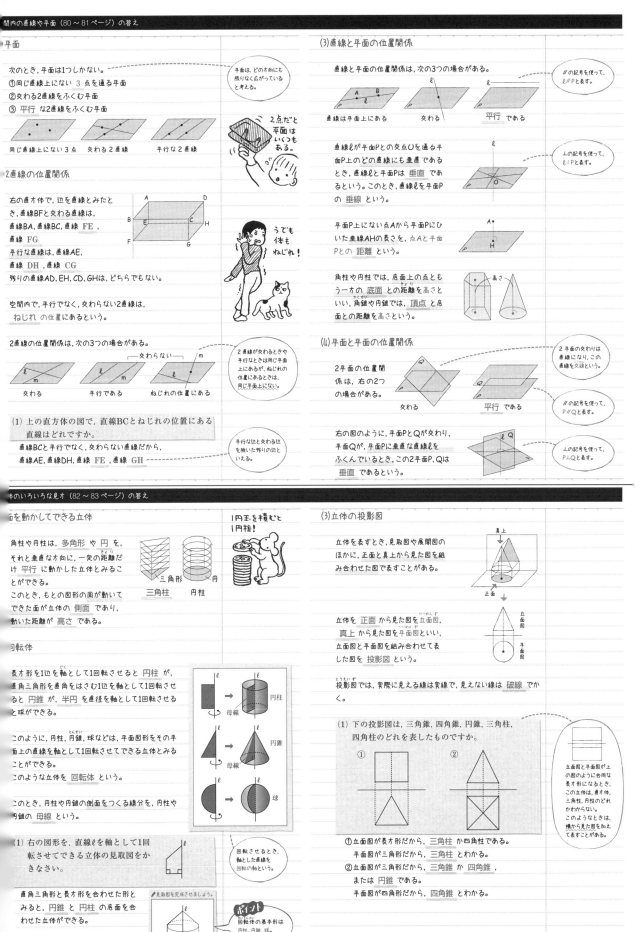

■平面

次のとき、平面は1つしかない。
① 同じ直線上にない 3 点を通る平面
② 交わる2直線をふくむ平面
③ 平行 な2直線をふくむ平面

同じ直線上にない3点　　交わる2直線　　平行な2直線

> 平面は、どの方向にも
> 限りなく広がっている
> と考える。

> 2点だと
> 平面は
> いくつも
> ある。

■2直線の位置関係

右の直方体で、辺を直線とみたとき、直線BFと交わる直線は、
直線BA、直線BC、直線 FE 、
直線 FG
平行な直線は、直線AE、
直線 DH 、直線 CG
残りの直線AD、EH、CD、GHは、どちらでもない。

空間内で、平行でなく、交わらない2直線は、
ねじれ の位置にあるという。

> うでも
> 体も
> ねじれ！

2直線の位置関係は、次の3つの場合がある。

|—— 交わらない ——|

交わる　　平行である　　ねじれの位置にある

> 2直線が交わるときや
> 平行なときは同じ平面
> 上にあるが、ねじれの
> 位置にあるときは、
> 同じ平面上にない。

(1) 上の直方体の図で、直線BCとねじれの位置にある直線はどれですか。
　直線BCと平行でなく、交わらない線だから、
　直線AE、直線DH、直線 FE 、直線 GH

> 平行な辺と交わる辺
> を除いた残りの辺と
> いえる。

(3)直線と平面の位置関係

直線と平面の位置関係は、次の3つの場合がある。

直線は平面上にある　　交わる　　平行 である

> //の記号を使って、
> ℓ//Pとます。

直線ℓが平面Pとの交点Oを通る平面P上のどの直線にも垂直であるとき、直線ℓと平面Pは 垂直 であるという。このとき、直線ℓを平面Pの 垂線 という。

> ⊥の記号を使って、
> ℓ⊥Pとます。

平面P上にない点Aから平面Pにひいた垂線AHの長さを、点Aと平面Pとの 距離 という。

角柱や円柱では、底面上の点とも　うーオの 底面 との距離を高さといい、角錐や円錐では、頂点 と底面との距離を高さという。

(4)平面と平面の位置関係

2平面の位置関係は、右の2つの場合がある。

交わる　　平行 である

> 2平面の交わりは
> 直線になり、この
> 直線を交線という。

> //の記号を使って、
> P//Qとます。

右の図のように、平面PとQが交わり、平面Qが、平面Pに垂直な直線ℓをふくんでいるとき、この2平面P、Qは 垂直 であるという。

> ⊥の記号を使って、
> P⊥Qとます。

■面を動かしてできる立体

角柱や円柱は、多角形 や 円 を、それと垂直な方向に、一定の距離だけ 平行 に動かした立体とみることができる。
このとき、もとの図形の周が動いてできた面が立体の 側面 であり、動いた距離が 高さ である。

三角柱　　円柱

> 1円玉を積むと
> 1円柱！

■回転体

長方形を1辺を軸として1回転させると 円柱 が、
直角三角形を直角をはさむ1辺を軸として1回転させると 円錐 が、半円を直径を軸として1回転させると球ができる。

このように、円柱、円錐、球などは、平面図形をその平面上の直線を軸として1回転させてできる立体とみることができる。
このような立体を 回転体 という。

円柱　母線
円錐　母線
球

このとき、円柱や円錐の側面をつくる線分を、円柱や円錐の 母線 という。

(1) 右の図形を、直線ℓを軸として1回転させてできる立体の見取図をかきなさい。

> 回転させるとき、
> 軸とした直線を
> 回転の軸という。

直角三角形と長方形を合わせた形とみると、円錐 と 円柱 の底面を合わせた立体ができる。

> 見取図を完成させましょう。

> ポイント
> 回転体の基本形は
> 円柱、円錐、球。

(3)立体の投影図

立体を表すとき、見取図や展開図のほかに、正面と真上から見た図を組み合わせた図で表すことがある。

真上　正面

立体を 正面 から見た図を立面図、真上 から見た図を平面図といい、立面図と平面図を組み合わせて表した図を 投影図 という。

立面図　平面図

投影図では、実際に見える線は実線で、見えない線は 破線 でかく。

(1) 下の投影図は、三角錐、四角錐、円錐、三角柱、四角柱のどれを表したものですか。

①　②

> 立面図と平面図が上
> の図のように合同な
> 長方形になるとき、
> この立体は、直方体、
> 三角柱、円柱のどれ
> かわからない。
> このようなときは、
> 横から見た図を加え
> てあらわすことがある。

① 立面図が長方形だから、三角柱 か四角柱である。
　平面図が三角形だから、三角柱 とわかる。
② 立面図が三角形だから、三角錐 か四角錐、
　または 円錐 である。
　平面図が四角形だから、四角錐 とわかる。

(1)表面積

立体のすべての面の面積の和を 表面積 といい，展開図の面積
と等しくなる。
また，側面全体の面積を 側面積 ，1つの底面の面積を 底面積
という。

(2)角柱の表面積

右の三角柱の表面積を求めると，
次のようになる。
側面積は，
$3 \times(3+5+4)=36(cm^2)$
底面積は，
$\frac{1}{2} \times 3 \times 4 = 6(cm^2)$
底面は2つあるから，
表面積は，
$36+6 \times 2 = 48(cm^2)$

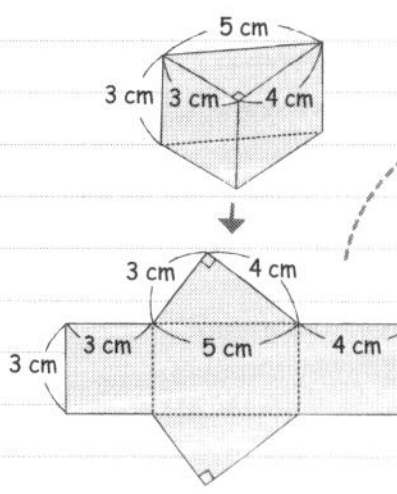

> 側面の展開図は
> 長方形になる。
> この長方形の縦の長
> さは，三角柱の高さ，
> 横の長さは，底面の
> 周の長さになる。

(3)円柱の表面積

右の円柱の表面積を求めると，
次のようになる。
側面積は，
$6 \times(2\pi \times 3)=36\pi(cm^2)$
底面積は，
$\pi \times 3^2 = 9\pi(cm^2)$
底面は2つあるから，
表面積は，
$36\pi + 9\pi \times 2 = 54\pi(cm^2)$

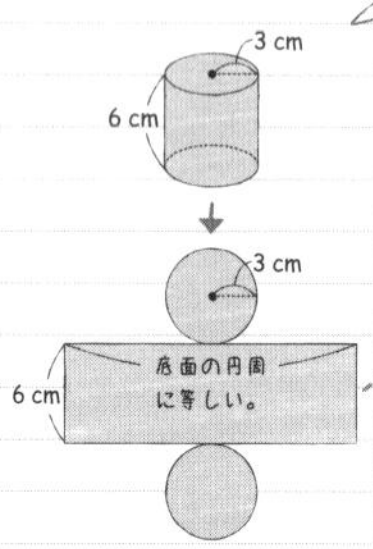

> **ポイント**
> 角柱・円柱の表面積は，
> 側面積＋底面積×2
> で求められる。

> 円柱の表面積 S は，底面
> の半径を r，高さを h とす
> ると，
> $S=2\pi rh+2\pi r^2$
> 　　側面積　底面積×2
> と表せる。

(4)角錐の表面積

右の正四角錐の表面積を求めると，
次のようになる。
側面積は，
$(\frac{1}{2}\times 4 \times 5)\times 4 = 40(cm^2)$
　　1つの側面の面積
底面積は，
$4 \times 4 = 16(cm^2)$
したがって，表面積は，
$40 + 16 = 56(cm^2)$

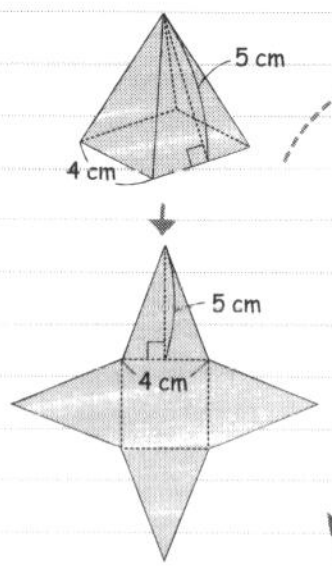

> 正四角錐では，4つ
> の側面は合同な二
> 等辺三角形で，底面
> は正方形。

(5)円錐の表面積

右の円錐の表面積を求めると，
次のようになる。
側面のおうぎ形の中心角を $x°$ と
すると，
$(2\pi \times 4):(2\pi \times 12)=x:360$
これを解くと，$x=120$
これより，側面積は，
$\pi \times 12^2 \times \frac{120}{360}=48\pi(cm^2)$
底面積は，
$\pi \times 4^2 = 16\pi(cm^2)$
したがって，表面積は，
$48\pi + 16\pi = 64\pi(cm^2)$

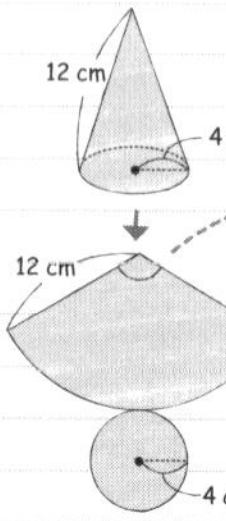

> **ポイント**
> 角錐・円錐の表面積は，
> 側面積＋底面積
> で求められる。

> 中心角は，弧の長さを
> 求める公式を使って
> 求められる。
> 中心角を $x°$ とする
> と，
> $\ell = 2\pi r \times \frac{x}{360}$
> だから，
> $2\pi \times 4 = 2\pi \times 12 \times \frac{x}{360}$
> $x=120$
> 中心角の求め方は，
> ほかにもいろいろ。

> 側面積は，
> （おうぎ形の面積）：（円の面積）
> =（おうぎ形の弧の長さ）：（円の周の長さ）
> を利用しても求められる。
> 側面積を S cm² とすると，
> $S:(\pi \times 12^2) = (2\pi \times 4):(2\pi \times 12)$
> 　　　　　　　　　　弧の周の長さ
> これを解いて，$S=48\pi(cm^2)$
> 側面積の求め方は，ほかにもいろいろある。

> 円錐の側面積は
> 側面積とは
> いかない！

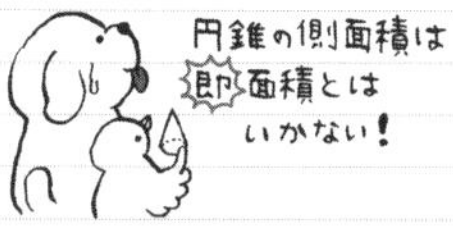

---

(1)角柱，円柱の体積

角柱や円柱の体積は，小学校で学習したように，
底面積× 高さ
で求められる。

角柱・円柱の体積

角柱，円柱の底面積を S，高さを h，体積を V とすると，
$V= Sh$
円柱の場合，底面の円の半径
を r とすると，
$V= \pi r^2 h$
　　　　底面積

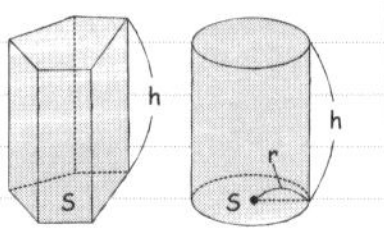

> S, V, h, r は，英語の
> 頭文字をとったもの。
> 底面積(面積)
> …Square measure
> 体積…Volume
> 高さ…height
> 半径…radius

(1) 底面の半径が5cmで，高さが12cmの円柱の体積を求
めなさい。
底面積は，$\pi \times 5^2 = 25\pi(cm^2)$
したがって，体積は，$25\pi \times 12 = 300\pi(cm^3)$

(2)角錐，円錐の体積

角錐や円錐の体積は，底面が合同で，高さが等しい
角柱や円柱の体積の $\frac{1}{3}$ になる。

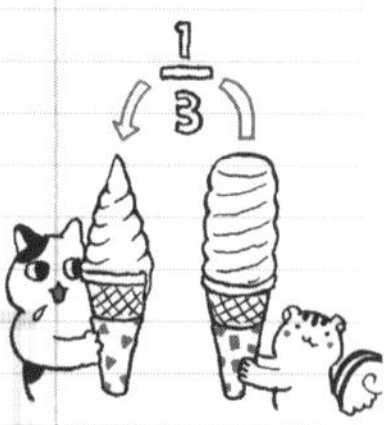

角錐・円錐の体積

角錐，円錐の底面積を S，高さを h，体積を V とすると，
$V= \frac{1}{3} Sh$
円錐の場合，底面の円の半径
を r とすると，
$V= \frac{1}{3} \pi r^2 h$

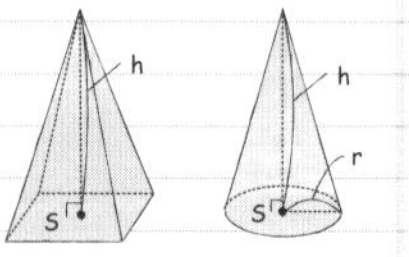

(1) 右の図形を，直線ℓを軸として
1回転させてできる立体の体積
を求めなさい。

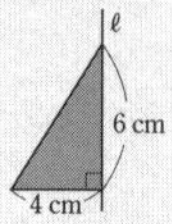

1回転させると，右の図のような 円錐
ができる。
したがって，体積は，
$\frac{1}{3}\pi \times 4^2 \times 6 = 32\pi(cm^3)$

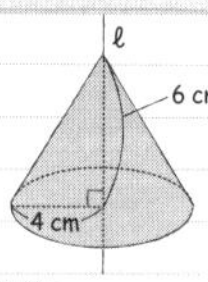

> $\frac{1}{3}$ をかけ忘れな
> いように注意！

(3)球の体積と表面積

球の体積は，その球がちょうど入る
円柱の体積の $\frac{2}{3}$ になる。

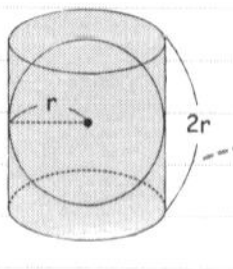

また，球の表面積は，その球がちょ
うど入る円柱の側面積に等しい。
球の半径を r とすると，円柱の側面積(長方形の面積)は，
$2r \times 2\pi r = 4\pi r^2$
長方形の縦　長方形の横(底面の円周)

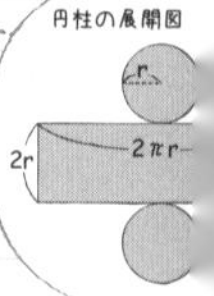

球の体積と表面積

球の体積を V，表面積を S，半径を r とすると，
体積　$V= \frac{4}{3}\pi r^3$
表面積　$S= 4\pi r^2$

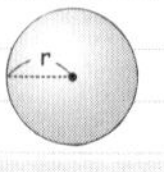

> 円柱の展開図

> **ゴロ**
> 身の上に心配
> $\frac{4}{3}$　π
> 参上せよ
> 　　3乗
> 心配ある事情
> 4π　r^2乗

(1) 半径3cmの球の体積と表面積を求めなさい。
体積は，$\frac{4}{3}\pi \times 3^3 = 36\pi(cm^3)$
表面積は，$4\pi \times 3^2 = 36\pi(cm^2)$

⑴度数分布表

データの散らばりのようすを分布といい，右のように，データをいくつかの区間に分けて，データの分布のようすを整理した表を 度数分布表 という。

通学時間	
時間(分)	度数(人)
以上　未満	
0～ 5	2
5～10	5
10～15	10
15～20	7
20～25	4
25～30	2
合 計	30

データを整理するための区間を 階級 ，
区間の幅を 階級の幅 ，
各階級に入るデータの個数を 度数
という。
→右の度数分布表で，
　階級の幅は 5 分，
　度数が最も多い階級は，10 分以上 15 分未満の階級で，
　その度数は， 10 人。

> 注意！
> 表をかくときは，各階級の度数の和が，度数の合計と一致しているか確認。

⑵累積度数

各階級について，最初の階級からある階級までの度数の合計を 累積度数 という。
右のように，度数分布表に累積度数を加えることもある。

通学時間		
時間(分)	度数(人)	累積度数(人)
以上　未満		
0～ 5	2	②
5～10	5	7
10～15	10	
15～20	7	
20～25	4	
25～30	2	
合 計	30	

→右の度数分布表で，
　5分以上10分未満の階級の累積度数は，
　　2+5= 7 (人)
　10分以上15分未満の階級の累積度数は，
　　2+5+10= 17 (人)
　または，直前の5分以上10分未満の階級の累積度数に，10分以上15分未満の階級の度数をたして，
　　7 + 10 = 17 (人)
　同様に，以降の階級の累積度数を求めると，
　15分以上20分未満の階級の累積度数は， 24 人。
　20分以上25分未満の階級の累積度数は， 28 人。
　25分以上30分未満の階級の累積度数は， 30 人。…度数の合計と同じ。

> 通学時間が15分以上20分未満の階級の累積度数は，通学時間が20分未満の人数。

⑶ヒストグラム

データの分布のようすは，度数分布表をグラフに表すと，よりわかりやすくなる。

階級の幅を横，度数を縦とする長方形を並べて，左ページの度数分布表をグラフに表すと，右のようになる。
このようなグラフを ヒストグラム ，または柱状グラフという。

通学時間のヒストグラム（横軸：分、縦軸：人）

ヒストグラムでは，それぞれの長方形の面積は，度数に比例する。

ヒストグラムの利点
・データの分布のようすがひと目でわかる。

⑷度数折れ線

右のように，ヒストグラムの各長方形の上の辺の中点を，順に線分で結んでできる折れ線を，度数折れ線 ，または度数分布多角形という。

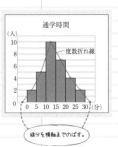

通学時間（横軸：分、縦軸：人）　度数折れ線

> 線分を横軸までのばす。

度数折れ線の両端は，度数0の階級があるものと考えて，線分を横軸までのばす。

度数折れ線の利点
・度数折れ線に表すと，複数のデータを重ねて表すことができ，比べやすくなる。

データをヒストグラムや度数折れ線に表すと，全体の形や左右の広がりぐあい，対称形であるかどうか，山の頂上の位置，全体から外れた値などがとらえやすくなる。

⑴代表値と範囲

平均値，中央値，最頻値のように，
データの値全体を代表する値を 代表値 という。

平均値 …個々のデータの合計をデータの総数でわった値。
　　　　度数分布表を利用した平均値は，
$$平均値 = \frac{(階級値 \times 度数)の合計}{度数の合計}$$

> 度数分布表で，各階級の真ん中の値を階級値という。右ページのもので，10分以上15分未満の階級の階級値は，$\frac{10+15}{2} = 12.5$(分)

中央値 …データの値を大きさの順に並べたときの中央の値。
　　　　メジアンともいう。
　　　　度数分布表では，中央値が入る階級の階級値。

> 度数分布表では，それぞれ階級値を使って考える。

最頻値 …データの中で，最も多く現れる値。
　　　　モードともいう。
　　　　度数分布表では，度数の最も多い階級の階級値。

データの中で，最大値から最小値をひいた差を 範囲 ，
またはレンジという。

> この電子レンジのレンジは10分！　チン！

ある8人のテストの得点が，
3点，5点，5点，5点，6点，7点，8点，9点のとき，
⑴ 平均値
　→ $\frac{3+5+5+5+6+7+8+9}{8} = 6$ (点)
⑵ 中央値
　→中央の4番目と5番目の値の平均を求めて，
　$\frac{5+6}{2} = 5.5$ (点)

> ポイント
> データが偶数値のときは，中央に並ぶ2つの値の平均をとる。

⑶ 最頻値
　→最も多く現れる値だから， 5 点。
⑷ 範囲
　→ 9 - 3 = 6 (点)

⑵相対度数と累積相対度数

各階級の度数の，全体に対する割合を，その階級の 相対度数 という。

$$相対度数 = \frac{その階級の度数}{度数の合計}$$

通学時間	
時間(分)	人数(人)
以上　未満	
0～ 5	2
5～10	5
10～15	10
15～20	7
20～25	4
25～30	2
合 計	30

→右の表で，10分以上15分未満の階級の相対度数を，四捨五入して小数第2位まで求めると，
　10 ÷ 30 =0.333…より， 0.33

> 注意！
> 相対度数の合計は1になるが，各階級の相対度数を四捨五入して求めると，その合計が1にならない場合がある。その場合も相対度数の合計は1とする。

また，最初の階級からその階級までの相対度数を合計したものを，その階級の 累積相対度数 という。
累積相対度数は，次の式で求めることもできる。

$$累積相対度数 = \frac{その階級の累積度数}{度数の合計}$$

→上の表で，10分以上15分未満の階級の累積相対度数を，四捨五入して小数第2位まで求めると，
　(2 + 5 + 10) ÷ 30 =0.566…より， 0.57

> ポイント
> 相対度数や累積相対度数を利用すると，全体の度数が異なるデータを比較することができる。

⑶相対度数と確率

結果が偶然に左右される実験や観察を行うとき，あることがらが起こると期待される程度を数で表したものを，そのことがらの起こる 確率 という。
確率がpであるということは，同じ実験や観察を多数回くり返すと，そのことがらの起こる相対度数がpに限りなく近づくということである。

右の表は，さいころを1個投げて，1の目が出た回数を調べたものである。この実験から，1の目が出る確率を，小数第2位まで求めなさい。

投げた回数	100	500	1000
1の目が出た回数	18	81	169

→投げた回数が最も多い1000回のときの相対度数を求めて，
　169 ÷ 1000 =0.169より， 0.17
　（小数第3位を四捨五入。）

確認テスト①

1 A…−4　B…−0.5　C…+5.5

2 (1)　−5 kg 重い　(2)　① 8　② 3.8

　　(3)　−3，−2，−1，0，+1，+2，+3

　　(4)　①　+5>−6　②　−8>−10

　　③　0>−0.5　④　$-\dfrac{4}{7}<-\dfrac{5}{9}$

3 (1)　−4　(2)　−0.4　(3)　−1　(4)　$\dfrac{1}{3}$

　　(5)　12　(6)　−5　(7)　3　(8)　−7

4 (1)　−56　(2)　3　(3)　−0.9　(4)　$\dfrac{4}{3}$

　　(5)　42　(6)　−3

5 (1)　−27　(2)　−100　(3)　−18　(4)　30

　　(5)　−68　(6)　−1

6 352 個

7 (1)　$2×3×13$　(2)　$2×3^2×5$

　　(3)　$2^2×3×17$

【解説】**2**(1)　ことばが反対になるので，符号を反対
の−にします。

(4)　（負の数）<0<（正の数）

④は通分してから比べます。

3(4)　$\left(-\dfrac{4}{15}\right)-\left(-\dfrac{3}{5}\right)=-\dfrac{4}{15}+\dfrac{9}{15}=\dfrac{5}{15}=\dfrac{1}{3}$

(8)　$-18-(-5)+10+(-4)$
$=-18+5+10-4=15-22=-7$

4除法は乗法に直し，積の符号を決めてから，
絶対値の計算をします。

5(2)　$(-5)^2×(-2^2)=25×(-4)=-100$

(4)　$(-6)^2-16÷(-8)×(-3)$
$=36-(-2)×(-3)=36-6=30$

(5)，(6)は，分配法則を利用して計算します。

(5)　$8.5×(-6.8)+1.5×(-6.8)$
$=(8.5+1.5)×(-6.8)=10×(-6.8)=-68$

6基準との差の平均は，$\{(+12)+(-9)+0$
$+(-7)+(-2)+(+18)\}÷6=2$（個）

したがって，平均は，$350+2=352$（個）

確認テスト②

1 (1)　$-ab$　(2)　$9xy^2$

　　(3)　$\dfrac{x+2}{y}$　(4)　$5a+\dfrac{1}{b}$

2 (1)　$x×(y+4)$　(2)　$3×a×a×a×b$

　　(3)　$5×(x-3)÷y$　(4)　$a÷4-6×b$

3 (1)　ah cm²　(2)　$\dfrac{y}{x}$ 分　(3)　$\dfrac{7}{10}a$ 円

4 立方体のすべての面の面積の和　単位…cm²

5 (1)　−3　(2)　3

6 (1)　項…$3a$，b

　　　係数…a の係数3，b の係数1

　　(2)　項…$\dfrac{x}{5}$，$-4y$

　　　係数…x の係数 $\dfrac{1}{5}$，y の係数 −4

7 (1)　$-4x$　(2)　$a-9$

　　(3)　$9a-2$　(4)　$-x+5$

8 (1)　$-42a$　(2)　$-20x$　(3)　$-3a+7$

　　(4)　$-9x+3$　(5)　$11a-8$　(6)　−2

9 (1)　$100-4a=b$　(2)　$3x-5<x+20$

　　(3)　$\dfrac{x+y}{2}≧80$

【解説】**3**(3)　$1\%=\dfrac{1}{100}$ (0.01) だから，

$a×\left(1-\dfrac{30}{100}\right)=\dfrac{7}{10}a$ （円）

($0.7a$ 円でも正解)

5(1)　$3x^2-15=3×(-2)^2-15$
$=3×4-15=-3$

7(4)　$(4x-2)-(5x-7)$
$=4x-2-5x+7$
$=4x-5x-2+7=-x+5$

8(4)　$\dfrac{3x-1}{5}×(-15)=\dfrac{(3x-1)×(-\overset{3}{\cancel{15}})}{\underset{1}{\cancel{5}}}$
$=(3x-1)×(-3)=-9x+3$

(6)　$6(2x-3)-4(3x-4)$
$=12x-18-12x+16=-2$

第3章　方程式

確認テスト③

52～53 ページ

1 ウ

2 (1) $x=10$　(2) $x=-6$　(3) $x=-56$

(4) $x=3$　(5) $x=\frac{3}{2}$　(6) $x=0$

3 (1) $x=-4$　(2) $x=2$　(3) $x=7$

(4) $x=-3$　(5) $x=-6$　(6) $x=-3$

4 (1) $x=12$　(2) $x=21$　(3) $x=18$

(4) $x=-6$

5 (1) ボールペン…9 本，鉛筆…5 本

(2) 人数…12 人，みかん…125 個

(3) 960 m　(4) 9 時間

6 $a=6$

解説 **2**(4)～(6)　文字の項を左辺に，数の項を右辺に移項し，整理します。

3　(3)は両辺を 10 倍し，(4)は両辺を 100 倍して，x の係数を整数にして解きます。

(5)，(6)　両辺に分母の最小公倍数をかけて，分母をはらって解きます。

(5)　$\left(\frac{2}{3}x+2\right)\times12=\left(\frac{1}{4}x-\frac{1}{2}\right)\times12$

$8x+24=3x-6$，$5x=-30$，$x=-6$

4(3)　比例式の性質より，$\frac{5}{8}x=\frac{3}{4}\times15$

5(1)　ボールペンの本数を x 本とすると鉛(えん)筆(ぴつ)の本数は，$14-x$（本）と表せるので，方程式は，$90x-70(14-x)=460$

(2)　配る人数を x 人とすると，方程式は，

$9x+17=11x-7$

(3)　道のりを x m とすると，方程式は，

$\frac{x}{60}-\frac{x}{80}=4$

(4)　昼：夜 $=5:3$ だから，1 日 24 時間は，$5+3=8$ です。夜の長さを x 時間とすると，比例式は，$3:8=x:24$

6 方程式に $x=-2$ を代入し，a についての方程式とみて解きます。

第4章　比例と反比例

確認テスト④

64～65 ページ

1 (1) 式…$y=x^2$，×　(2) 式…$y=\frac{40}{x}$，△

(3) 式…$y=4x$，○

2 (1) $x>0$　(2) $0\leqq x<10$

3 (1) $y=-x$　(2) $y=-\frac{9}{x}$

4 (1) A(3，4)

B(0，2)

C(−2，−3)

D(4，−5)

(2) 右の図

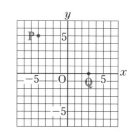

5 右下の図

6 (1) ①　$y=\frac{1}{3}x$

②　$y=-\frac{4}{x}$

(2) $\frac{4}{5}$

7 (1) $y=\frac{72}{x}$

(2) 18 分

8 (1) 右の図

(2) 300 m

解説 **1**(3)　台形の面積の公式より，

$y=(3+5)\times x\div2$

$=4x$

5(1)　$x=2$ のとき，$y=6$ だから，原点と点 (2，6) を通る直線をひきます。

(2)　なるべく多くの点をとって，なめらかな曲線をかきます。

6(1)　①は $y=ax$，②は $y=\frac{a}{x}$ とおき，グラフが通る点の座標を代入して a を求めます。

8(1)　$y=100x$ のグラフをかきます。

(2)　グラフから読み取れます。

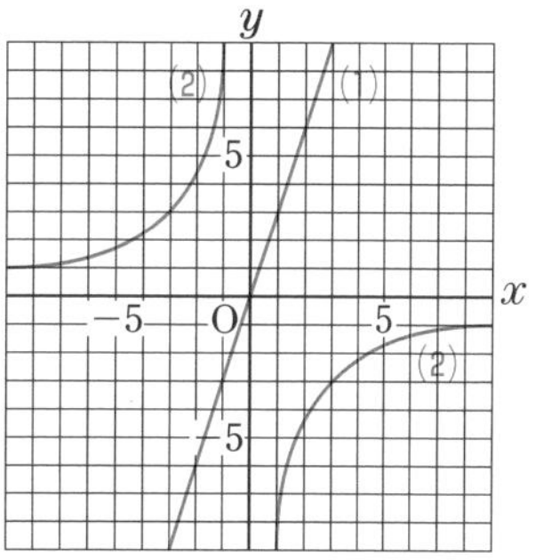

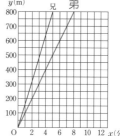

確認テスト⑤

1 (1) ∠BOC（∠COB）　(2) AD⊥CD

(3) AD∥BC

2 (1) △ODE　(2) 90°

(3) △AHO, △GFO, △EDO, △CBO

3
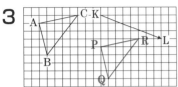

4
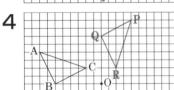

5
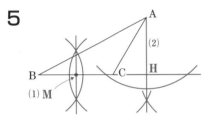

(1) M

6 右の図

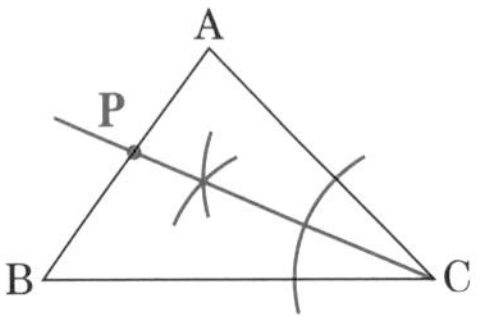

7 25°

8 (1) 8πcm

(2) 40πcm²

9 160°

10 (1) 12πcm　(2) 9πcm²

解説 5(1) 辺 BC の垂直二等分線を作図します。

(2) 辺 BC を延長し, 頂点 A を通る BC への垂線を作図します。

6 辺 BC, 辺 AC からの距離が等しい点は ∠C の二等分線上にあります。

9（おうぎ形の面積）:（円の面積）＝（中心角）:360 より, 中心角を $x°$ とすると,

$16\pi : 36\pi = x : 360$, $x = 160$

求め方はほかにもいろいろあります。

10(1) $2\pi \times 6 \times \dfrac{1}{2} + 2\pi \times 3 = 12\pi$ (cm)

(2) $\pi \times 6^2 \times \dfrac{1}{2} - \pi \times 3^2 = 9\pi$ (cm²)

確認テスト⑥

1 (1) ア 円柱　イ 三角錐　ウ 四角錐

エ 三角柱　オ 円錐

(2) イ, ウ, エ　(3) ア, オ　(4) ア, エ

2 (1) 正四面体, 正八面体, 正二十面体

(2) 正十二面体

3 (1) 直線 BE, 直線 CF

(2) 直線 BC, 直線 EF

(3) 直線 AC, 直線 DF

(4) 平面 ABED, 平面 ACFD, 平面 BCFE

4 ウ

5 (1) 表面積…136 cm²　体積…84 cm³

(2) 表面積…112π cm²　体積…160π cm³

(3) 表面積…216π cm²　体積…324π cm³

(4) 表面積…108π cm²　体積…144π cm³

6 264π cm³

解説 5(1) 表面積…$7 \times (5+6+5) + \dfrac{1}{2} \times 6 \times 4 \times 2$

$= 136$ (cm²)　体積…$\dfrac{1}{2} \times 6 \times 4 \times 7 = 84$ (cm³)

(2) 表面積…$10 \times 2\pi \times 4 + \pi \times 4^2 \times 2 = 112\pi$ (cm²)　体積…$\pi \times 4^2 \times 10 = 160\pi$ (cm³)

(3) 側面積は,（おうぎ形の面積）:（円の面積）＝（おうぎ形の弧の長さ）:（円の周の長さ）より, 側面積を S cm² とすると,

$S : (\pi \times 15^2) = (2\pi \times 9) : (2\pi \times 15)$

これを解いて, $S = 135\pi$ (cm²)

表面積は, $135\pi + \pi \times 9^2 = 216\pi$ (cm²)

側面積の求め方は, いろいろあります。

体積…$\dfrac{1}{3}\pi \times 9^2 \times 12 = 324\pi$ (cm³)

(4) 表面積…$4\pi \times 6^2 \times \dfrac{1}{2} + \pi \times 6^2 = 108\pi$ (cm²)

体積…$\dfrac{4}{3}\pi \times 6^3 \times \dfrac{1}{2} = 144\pi$ (cm³)

6 右の図のようになります。

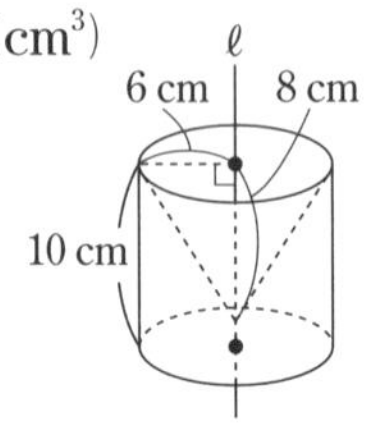

$\pi \times 6^2 \times 10 - \dfrac{1}{3}\pi \times 6^2 \times 8$

$= 264\pi$ (cm³)

確認テスト⑦

94〜95 ページ

1 (1) 0.5 秒　(2) 9.0 秒以上 9.5 秒未満の階級

(3) 21 人

(4) 0.125

(5), (6) 右の図

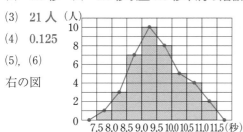

2 (1) ㋐ 5.5　㋑ 6.5　㋒ 11　㋓ 39

㋔ 75　㋕ 231　(2) 7.7 時間

3 (1) 7 点　(2) 7 点　(3) 7.5 点　(4) 8 点

4 (1) B　(2) C　(3) A　(4) B

5 (1) 0.25　(2) 2500 回

解説 **1**(3)　1＋3＋7＋10＝21（人）

(6)　両端の度数 0 のところにも階級があるものとして，線をのばします。

2(2)　表から，(階級値×度数) の合計は 231 時間だから，平均値は，231÷30＝7.7（時間）

3(1)　範囲は，最大値－最小値より，

10－3＝7（点）

(2)　14 人の得点の合計を求めると 98 点だから，平均値は，98÷14＝7（点）

(3)　データの個数は 14 で偶数だから，中央値は 7 番目と 8 番目の値の平均値になります。データを小さい順に並べると，7 番目は 7 点，8 番目は 8 点なので，中央値は，

(7＋8)÷2＝7.5（点）

(4)　データの中で，最も多く出てくる値は 8 点なので，最頻値は 8 点です。

4(2)　度数の合計は，A，B が 25，C が 29。

(3)　山が左よりの A は，(階級値×度数) の合計が小さくなるので，平均値も小さくなります。

(4)　ほぼ左右対称の B のような場合，平均値，中央値，最頻値はほぼ同じ値になります。

5(1)　503 ÷ 2000 ＝ 0.2515 → 0.25

(2)　10000 × 0.25 ＝ 2500（回）